油气管道标准数字化技术

刘 冰　惠 泉　彭泽恒　崔秀国　著

中国石化出版社

·北京·

内 容 提 要

本书系统介绍了油气管道标准数字化技术的相关知识，内容包括油气管道标准数字化技术概述、油气管道标准知识体系构建技术及应用、油气管道标准机器可读技术及应用、油气管道标准数据分析技术及应用、油气管道标准智能翻译技术及应用。

本书适合作为油气管道标准起草人员、标准管理人员、标准及标准化研究人员等相关专业人员的参考书和工具书。

图书在版编目(CIP)数据

油气管道标准数字化技术 / 刘冰等著. — 北京：
中国石化出版社，2024.12. — ISBN 978-7-5114-
7754-5

Ⅰ. TE973-65

中国国家版本馆 CIP 数据核字第 20251HM169 号

中国石化出版社出版发行

地址:北京市东城区安定门外大街 58 号

邮编:100011　电话:(010)57512500

发行部电话:(010)57512575

http://www.sinopec-press.com

E-mail:press@sinopec.com

北京科信印刷有限公司印刷

全国各地新华书店经销

*

787 毫米×1092 毫米 16 开本 10.5 印张 240 千字

2024 年 12 月第 1 版　2024 年 12 月第 1 次印刷

定价:48.00 元

前言 PREFACE

当今世界，数字经济已经成为全球经济发展的主线、重塑世界经济格局的重要力量。数字化转型强力推进了各大行业实现颠覆性创新，传统以资源要素为主的生产盈利模式逐渐变革为以数字技术为核心的科技资产盈利模式，行业格局被重塑。党的十八大以来，以习近平同志为核心的党中央高度重视数字化发展，加强顶层设计、总体布局，做出建设数字中国的战略决策，明确提出"十四五"时期要加快数字经济发展，以数字化转型整体驱动生产方式、生活方式和治理方式变革。2018 年，习近平总书记在中国科学院第十九次院士大会、中国工程院第十四次院士大会上的讲话中提出，要把握数字化、网络化、智能化融合发展的契机，推动互联网、大数据、人工智能和实体经济深度融合。

2021 年 3 月，《中华人民共和国国民经济和社会发展第十四个五年规划和2035 年远景目标纲要》中将加快数字化发展、建设数字中国作为独立篇章提出，其中标准数字化是数字经济、数字社会、数字政府建设的标准化基础。2021 年10 月发布的《国家标准化发展纲要》中明确要求，发展机器可读标准、开源标准，推动标准化工作向数字化、网络化、智能化转型。标准数字化既是经济社会发展、数字技术变革、国际战略博弈的必然结果，也是实现国家质量基础设施(NQI)数字化转型的关键内容，对数字中国建设有着重要的战略意义。因此开展油气管道标准数字化及数据分析技术研究至少可以满足以下两方面需求。

（1）落实国家战略和党中央数字化战略决策部署

国家管网集团坚决贯彻党中央决策部署，把数字化战略作为公司发展的"四大战略"之一，把数字化转型作为事关全局的系统性变革、事关长远发展的关键举措、事关员工福祉的重点任务来谋划和推动，以数字化转型包括充分发挥标准数字化基础支撑作用，支撑国家管网集团建设中国特色世界一流能源基础设施运营商。

（2）标准信息化技术迭代更新

自 2009 年以来，逐步研发形成了标准内容揭示、标准可视化、移动检索等技术，这些技术为管网标准化领域的发展提供了重要支撑，特别是标准信息的快速查询和标准内容与指标对比等检索技术，处于国内标准化领域的领先地位。但随着近年信息化、数字化技术的飞速发展，原有技术急需迭代升级。

综上所述，为落实国家战略和党中央数字化战略决策部署、满足国有企业标准化管理和研究的迫切需要，有必要整合和升级原有标准信息化技术，并应用先进的数字化技术与智能化技术，逐渐形成研究总院特色的标准数字化系列技术，为标准化业务高质量发展提供支撑。

参与本书编写的单位包括国家管网集团科技部、国家管网集团科学技术研究总院、中国标准化研究院、辽宁石油化工大学等。

感谢编写过程中有关领导的关心和支持，感谢专家对本书内容的审阅及提出的宝贵意见。

由于本书涉及技术领域广泛、资料来源有限、编者水平有限，书中难免有疏漏之处，恳请专家和读者批评指正。

目录 CONTENTS

第一章

概　　论

第一节　标准数字化概念和需求分析

一、标准数字化的概念

随着数字经济和数字技术的不断发展，标准数字化已成为国际、区域及国家标准化机构发展战略的重点。标准数字化转型是在数字化、网络化、智能化背景下全球范围内的不可逆转的发展趋势。2021 年 10 月，中共中央、国务院发布《国家标准化发展纲要》，将"标准数字化水平不断提高"作为战略目标之一，提出发展机器可读标准、开源标准，推动标准化工作向数字化、网络化、智能化转型。《中国标准 2035》《2024 年全国标准化工作要点》等我国标准化顶层规划文件中均提出推进标准数字化转型，开展机器可读标准研究和试点工作，探索数字化条件下国家标准新形式和新机制。《数字中国建设整体布局规划》中提出，推动高质量发展的国家标准体系基本建成，国家标准供给和保障能力明显提升，国家标准体系的系统性、协调性、开放性和适用性显著增强，标准化质量效益不断显现。构建技术标准体系，编制数字化标准工作指南，加快制修订各行业数字化转型、产业交叉融合发展等应用标准。2021 年 12 月，包括国家标准委、中央网信办和科技部等在内的多个部门，共同发布了《"十四五"推动高质量发展的国家标准体系建设规划》，该规划强调了国家标准数字化的重要性和意义，研究机器可读、开源和数据库等新型国家标准的供给形式，并提出了构建支持国家标准数字化转型信息系统的构想。

标准数字化技术是应用云计算、大数据、区块链、物联网和人工智能等技术，对标准及其整个生命周期进行赋能，使得标准承载的规则与特性能够通过数字设备进行读取、传输与使用的过程。该技术是标准化工作历史上的一次重要变革，是经济社会发展和适应数字经济时代的必然需要。标准本身是静态、规范和封闭的，数字化的特点在于动态、创新和开放，二者的性质存在相悖之处，但对标准化工作所起到的作用却是相辅相成的，其中数字标准是标准数字化的核心，直接反映标准数字化的工作成效。在当今世界已经进入数字经济时代的背景之下，传统经济活动正在逐步向数字化经济活动转型，数字化已成为各项经济活动转型的关键驱动力。在这一背景下，标准数字化作为一个新兴研究领域，其核心是数字标准。而标准化工作也必须适应数字化转型这一趋势，实现数字化运行。

二、标准数字化需求分析

在我国不同行业领域对标准数字化有不同类型和程度的需求，汪烁等通过对 57 个数字领域相关全国标准化技术委员会进行调研，分析各技术领域对于新型数字化标准的应用需求，有超过半数的技术委员会有使用形式更加数字化的标准的需求。应用需求统计结果如图 1-1 所示，有使用新型数字化需求的应用场景主要有标准内容需随时更新的占 76.67%；希望便于直接将标准内容集成到软件工具中的占 60%；希望标准内容用于机器间的互操作的占 43.33%；希望标准内容用于零部件、设备、系统等资产或产品的分类、属性描述和管理等方面的占 40%。

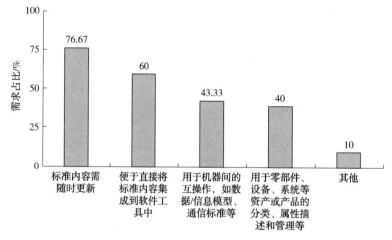

图 1-1　标准数字化应用的需求分析

如图 1-2 所示，从行业和标准使用者的角度出发，超过 60% 的技术委员会认为标准数字化的应用效果应有利于标准间的引用、比对；提高标准使用效率；有利于创建、优化和管理数字化的标准应用过程；减少人为错误；协调术语、定义、图形或符号等方面。而从图 1-3可以看出，对于制定和使用机器可读标准，面临的挑战主要包括支撑技术、知识产权、软件工具、工作机制、管理模式。

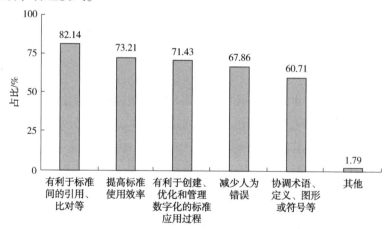

图 1-2　标准数字化所需要达到的效果

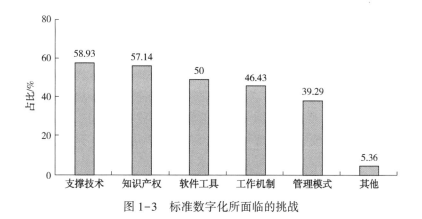

图 1-3　标准数字化所面临的挑战

在油气管道领域，标准和标准化研究及管理工作中主要存在以下痛点亟待解决：

（1）标准编写质量难以统一：主要体现在标准内容难以理解，学习时间长，依赖于人员知识水平，阻碍标准贯彻实施。缺乏统一的工具固化 GB/T 1.1 的要求，容易出现标准编写人对 GB/T 1.1 理解产生偏差，导致标准编写质量不一。

（2）参编人员沟通不畅：标准编写人员难以实时查看其他编写人员对标准的修改情况，不能及时掌握标准编写过程中信息的更新。

（3）编写过程过于烦琐：标准编写过程中需要大量引用其他标准，需要查阅大量网页版和纸质版资料及文献，耗时较长，过程较为烦琐。

（4）难以及时查重：编写完毕后难以及时查询编写内容和其他标准内容是否有重复之处，容易造成反复修改。

（5）国外标准内容参考困难：标准制修订过程需要参考大量国外标准，由于标准研制和管理人员外语水平不一，对国外标准关键内容的理解也会出现差别，从而影响标准编写质量。

（6）标准信息获取效率较低：缺乏及时获取国内外石油、天然气领域标准的发展趋势和发展现状信息的工具，不利于标准编写人员获取最新且权威的标准信息。

为解决油气管道领域的痛点，急需借助数字化技术，以实现标准的高效、协同编写，同时实现在编写过程中的实时查重，避免出现反复修改的情况。借助相关辅助工具，及时了解国内外各个行业标准发布现状和发布趋势，并可通过此模块迅速、准确获得国外标准的信息，为标准编写提供参考。

第二节　标准数字化技术现状

一、标准数字化发展现状

（一）国外发展现状

以新一代信息技术为代表的新一轮科技革命和产业变革加速演进，经济社会数字化转型成为时代趋势。标准作为经济活动和社会发展的技术支撑，以及国家基础性制度的重要方面，无论是在深度还是在广度上都将受到这一趋势的影响。标准数字化转型已成为新时代我国标准化事业发展的重要战略方向，对增强我国科技发展的标准化互动支撑能力、影响全球标准化生态变革具有重要意义。随着人工智能、开源、区块链等技术的持续发展，标准化领域受其影响，出现了多种标准数字化相关概念、标准形式与制定方式。

国际上标准数字化应用实践日益广泛。标准数字化演进的根本动力来源于实践应用，大量的应用场景数字化要求标准具有机器可读、可理解、可执行能力。国际电工委员会（IEC）与德国将工业4.0中的信息模型、管理壳等概念引入标准化领域，提出了标准信息模型、标准管理壳等标准数字化相关概念，并提出了技术解决方案，实现了标准的数字化应用。同时，IEC在测控及自动化、电力等领域已优先开展数据库形式标准等机器可读形式标准的实践应用。美国国家人工智能研发战略计划也在无人机系统、5G等6个领域优先开展SMART标准（Standards for Machine Accessibility, Readability, Transferability，或称为机器可用、可读、可转移标准）研究实践工作。欧洲标准化委员会（CEN）、欧洲电工标准化委员会（CENELEC）对标准数字化的研究早于国际标准化组织（ISO），2018年启动了在线标准化、未来标准、开源创新3个项目，均与标准数字化直接相关。"在线标准化"项目旨在支撑CEN、CENELEC标准制定的现代化和数字化转型，主要工作围绕"在线协作写作"平台展开，旨在与ISO/IEC联合，为CEN、CENELEC技术机构提供高端定制化的写作环境；2019年完成了技术评估和试点准备，2020年正式启动实施。"未来标准"项目旨在支持CEN、CENELEC利用可扩展标记语言（XML）对标准内容进行重构以使其机器可读和可翻译，在建筑、石油领域启动了标准应用试点工作。"开源创新"项目旨在充分挖掘开源技术在标准化领域中的应用潜能，为标准数字化提供潜在的创新技术支持。2019年，CEN、CENELEC围绕数字标准内容的知识产权（IPR）保护开展法律分析，旨在解决标准文本向机器可读/可翻译内容转变所带来的法律问题、与开源和在线标准写作平台相关的知识产权问题。

国外近年来逐渐趋于开源和机器可读的新形式标准。开源已成为技术创新的重要方式，在新兴领域和传统领域，开源与标准联系都愈加紧密。机器可读标准即为机器适用的、可读的和可转移的标准。目前，英国已经形成了BSI FLEX标准及相关的制定程序；美国基于其自身较高的互联网与数字化水平，致力于形成机器可读标准体系；德国在工业领域逐步开展机器可读标准实践。因此，整合标准资源、采用先进的计算机技术建立标准管理与服务信息平台，是今后一个时期的发展趋势。

2005年，美国航空航天工业协会（AIA）提出未来标准将作为一系列数据单元进行管理和控制，而不再是一堆纸型的图表文件。用户（包括人、机器和其他使用者）能够方便地根据自身的需求以恰当的形式使用标准数据。

2011年，ISO为改进出版系统，与Mulberry公司合作开发出了ISO STS（ISO标准标签集），描述了标准所需的元数据结构，定义和规范了标准结构、文本、表格、公式、图形、图像、术语、参考引用等的标记类型和规则，提供可用来发布和交换标准内容的通用格式。

2017年，ISO提出了数字化影响下的未来标准化，包括通过内容结构化创建更具价值的产品、创建机器可读标准等。IEC提出将继续为其核心业务进行根本性改变做准备。CEN和CENELEC通过标准数字化来确保工业领域数字化转型的标准化需求得到满足。德国标准化协会(DIN)/DKE 将"未来机器可执行标准的结构和格式"作为其重点领域。

2018 年，ISO 通过技术管理委员会 94 号决议，建立了机器可读标准的战略咨询小组，提出了 SMART 概念，发布了实施路线图。

2019 年，英国 BSI 启动在数字化环境中进行标准协作开发的敏捷流程。俄罗斯在《2019—2027 年俄罗斯标准化发展措施方案》中提出将国家标准转换为"机器可读格式"，并明确将标准库中 80% 的标准转化为机器可读标准的目标。

2020 年，CEN 和 CENELEC 提出继续开展在线标准化项目、未来标准项目(使现有标准成为机器可读的标准)、开源创新项目。IEC SMB 重启 SG12"数字化转型和系统方案"战略组，负责定义数字化转型与 IEC 及其标准数字化有关方面内容、研究国际标准的数字化转型方法等。

2021 年，ISO 发布了《ISO 战略 2030》，CEN 和 CENELEC 发布了《CEN-CENELEC 战略 2030》，美国国家标准学会(ANSI)正式发布了《美国标准战略》(USSS 2020)，中国发布了《国家标准化发展纲要》，IEC CB 成立了"SMART 标准化与合格评定"任务组。

（二）国内发展现状

我国标准数字化相关技术(机器可读、知识图谱等)标准的制定工作主要由全国信息与文献标准化技术委员会(TC4)、全国信息技术标准化技术委员会(TC28)完成。整体来看，现阶段还处于纸质标准结构化、电子化这一标准数字化初级阶段，没有开展针对标准数字化的系统研究，也没有成立具有针对性的全国标准化技术委员会(TC)或分技术委员会(SC)。

经过长期的标准化工作实践与态势跟踪研究，我国认识到标准数字化的重大意义，部分机构已逐步开展标准数字化研究。国内研究集中在 3 个方向：内容的语义化，如国家标准馆基于语义识别技术与丰富的国内外标准数据，研究开发了中外标准内容指标比对系统；知识图谱技术在标准领域的应用，如中国电子技术标准化研究院提出并立项了 IEEE 标准 P2959《面向标准的知识图谱技术要求》；标准数字化数据集，如中国标准化研究院牵头起草了 GB/T 22373—2021《标准文献元数据》，部分行业起草了专门的标准数字化标签集。标准制定方面，对标准数字化中涉及的机器可读技术标准进行了规划，并在字典和图书目录等应用场景中对机器可读性技术进行了标准化研究。2008 年，中国国家标准 GB/T 22373—2008《标准文献元数据》规定了标准文献数据集合的基本元数据，给出了标准文献核心元数据、公共元数据的定义及其表示方法。2009 年，中国航空领域相关机构借鉴美国波音经验提出"标准即数据、使用即标准"，将标准处理、存储为数据单元形式，并通过标准数据与工业软件、操作系统等结合，使得标准使用形式能够基本满足标准使用需求。此外，2020 年，国家标准委在仪器仪表和航空航天等技术密集型领域启动了机器可读性标准的试点，鼓励行业领军企业积极探索标准数字化的应用。2022 年，中国筹建全国标准数字化标准化工作组，负责标准数字化基础通用、建模与实现共性技术、应用技术等领域国家标准制修订工作。

国内部分企业建立了各自的标准信息系统，可满足用户对标准信息的快速查询和指标对比等检索需求。随着信息技术的快速发展，基于云计算、大数据技术等主流软件技术的成熟与应用，结合人工智能、知识链接技术、智能翻译、智能识别等新一代技术实现高扩展性、高安全性、高可靠性、高可维护性，支持快速迭代升级和弹性扩展，是未来标准信息系统发展的主要趋势。

(三) 国内典型行业标准数字化转型发展路径

构建国内标准数字化转型发展路径, 需借鉴国内典型行业标准数字化转型发展路径, 以智能制造、航空领域为代表开展标准数字化转型发展路径分析, 结果如图1-4所示。

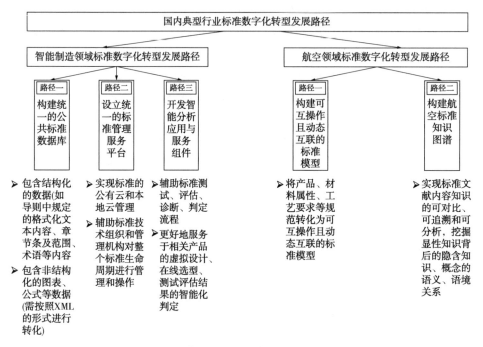

图1-4 国内典型行业标准数字化转型发展路径

智能制造领域的标准数字化转型重点在于业务转型与效率提升, 旨在加强机器、用户以及信息系统之间的互动与决策能力, 同时解决标准与实际业务之间的联系问题, 消除数字化应用过程中的障碍。目标是实现标准化的指导作用, 涵盖产品选择、测试、诊断、评估和互通等方面, 并推动数字化技术的全面应用。这一转型的路径可以概括为三个方面:

(1) 构建统一的公共标准数据库: 该数据库将包含多样化的数据类型, 包括结构化数据 (如起草者信息、条款、引用文献等) 和非结构化数据 (如图表、公式等)。针对不同类型的数据, 将采取相应的策略。对于结构化数据, 将构建语义本体并生成知识图谱; 对于非结构化数据, 则先转换为 XML 格式, 再进行知识图谱的构建, 包括实体识别、关系抽取等步骤。这一过程旨在创建一个知识组织映射结构, 提高数据的复用性和共享性, 同时确保数据的公开性、透明性和可追溯性。

(2) 设立统一的标准管理服务平台: 该平台将利用计算机技术实现标准文档的云存储, 并支持多用户共享和协同处理, 包括标准方案的提交、审批和意见征集等。这有助于标准化组织和专业管理机构实现对标准全生命周期的 "一站式" 管理, 涵盖预研、起草、修订、发布和废止等各个阶段。

(3) 开发智能分析应用与服务组件: 这些工具将标准文件与业务流程中的数字文件相结合, 允许在线查询标准规定的技术指标和参数。通过这种方式, 标准文档可以嵌入产品测试、评估、诊断等过程中, 实现测试评估结果的虚拟设计、在线选型和智能化判断, 从而形成一种新的业务需求推动标准需求的模式。

航空业的标准数字化转型目标集中在创建一个全面且机器可读的数据源，该数据源覆盖航空设备从设计到维护的整个生命周期。这一转型旨在通过整合先进的数字化技术和软件工具，实现智能化的标准应用。具体的发展策略可以概括为两个关键点：

（1）构建可互操作且动态互联的标准模型：航空领域面临的主要挑战是标准之间的动态关联和互操作性。标准是航空业务发展的基础，也是实现互操作性和联通性的重要载体。工程师通常需要标准来获取设计规范、材料特性和工艺要求等信息。目前，纸质标准无法实现动态更新和关联，工程师必须手动检索大量文献，不仅效率低下，还可能因版本过时而获取错误信息。因此，迫切需要将这些标准转化为可互操作、能够动态更新的模型，并且这些模型应能够被机器读取和存储，同时支持其他系统通过接口调用。

（2）构建航空标准知识图谱：目前，航空标准的知识提取主要依赖人工，不仅工作量大、成本高，而且难以实现高效和可持续的知识应用。随着标准数据量的增长，快速识别和挖掘标准的价值变得更加困难。因此，需要构建一个航空知识图谱，包括一套通用规则提取系统、本体模型和应用平台。这将有助于揭示标准知识之间的语义联系，实现知识的可关联性、可追溯性和可分析性，同时挖掘隐性知识，如概念简称和上下文关系。通过升级现有的知识检索模型，可以更充分地利用航空装备标准数据资产，提高标准实施的效率，并推动航空业的数字化和智能化转型和升级。

（四）典型模型

如图 1-5 所示，标准数字化因其起始点的差异，形成了两条主要的生成路径。一条是针对既有标准的"存量标准模型化改良模式"，侧重于对现有标准的提升与更新，另一条是面向未来标准的"增量标准结构化改革模式"，聚焦构建全新的、结构化的标准体系。这两种路径相互补充，共同推动标准数字化的发展。

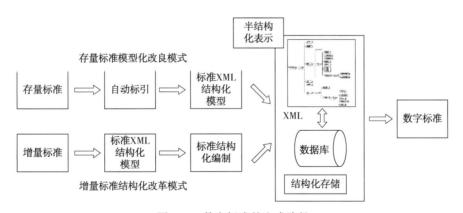

图 1-5　数字标准的生成路径

1. 存量标准模型化改良模式

存量标准模型化改良模式，是指对已正式出版的标准文件，采用 XML 内容模式（Schema）进行结构化处理和标引，从而生成独立于原标准文件的 XML 文件。这一模式先运用光学字符识别（OCR）技术对现有标准文本进行自动扫描与识别，再通过自动化特征提取和交互式标引手段，将标准内容转化为结构化的 XML 格式文件。这些 XML 文件中的关键元素，如范围、引用文件、章节条、图表、公式等，均会遵循预设规则映射至标准元素库中。此外，结合行业背景知识库、文本挖掘技术、知识关联分析以及个性化定制策略，为用户提供智能化的标准应用服务。该模式实质上是对现有存量标准的优化与提升。其优势在于所依托的技术相对成熟，无须对现有标准化流程和机制进行根本性变革，从而确保了实施的便捷性和推广的可行性。然而，该模式也面临文本标引工作量大、结构化程度有待提升等挑战，主要应用于解决当前存量标准在数字化定义及应用层面的问题。

2. 增量标准结构化改革模式

增量标准结构化改革模式，着眼于新标准的起始编制阶段，通过直接采用 XML 数据模式进行结构化编写，确保标准本身即呈现为 XML 文件格式。

在此模式下，首先参考国家标准规范，将各类标准的编写方法归纳为"内容框架"与"格式要求"两大核心部分。一方面，将"内容框架"转化为 Schema 结构，并基于这一结构填充具体内容，完成校验流程；另一方面，将"格式要求"转化为多样化的标准出版模板。随后，将经过校验的标准内容与相应的出版模板相结合，根据实际应用场景的需要，自动生成适应不同需求的标准文件格式。

增量标准结构化改革模式，实质上是一种对标准编写方式的根本性革新。它的优点在于高度的结构化和模式化，使得标准内容和格式得以分离，极大地促进了标准的交互式应用。然而，这种改革模式也可能对现有的标准形态和流程产生一定影响，且目前尚缺乏国家层面的法规支持。尽管如此，它仍然为解决未来增量标准文件的数字化定义及应用问题提供了有效的解决方案。

在标准数字化的发展进程中，所涉及的核心技术包括以下几点：

（1）针对纸质与 PDF 版本的传统标准，难以直接由计算机处理的问题，引入了 OCR 技术。此技术通过文本预处理、文字区域精确定位及字符精确识别、优化处理等多个环节，将标准文本转化为计算机可理解的格式。

（2）为解决标准内容中知识分散、非结构化的问题，引入了知识图谱技术。该技术旨在构建涵盖个体、专题以及产业链的多层次知识图谱，将标准知识系统化、体系化，为实现机器可读性奠定了基础。

（3）自然语言处理（NLP）技术的应用，推动了标准知识获取的智能化进程。通过深度分析领域内的书面语言和文本，该技术实现了标准知识的自主学习，为其他技术提供了有力支撑，提升了标准数字加工和分析的效率，并解决了标准与应用场景对接时的边界问题。

随着标准数字化工作的持续深入，数字化技术正逐步改变标准的管理方式和存在形态。利用这些技术，可以实现标准的全生命周期管理、结构化存储、语义化表达以及交互式阅读。标准数字化技术极大地促进了标准的实施，使其成为科研生产中不可或缺的部分。基于 XML 的开放式电子文档标准，为文档的有效表达提供了必要基础。通过整理加工标准技术内容，形成数字标准，并开发出与现有软件平台集成的、便于工程技术人员直接使用的软件或数据库，有望实现标准的自动实施。在完成形式、业务和应用的全方位数字化转变后，标准将与数字化环境无缝融合，真正实现数字标准的广泛应用。

3. 标准数字化服务模型

鉴于传统标准化工作中存在的局限与短板，针对产业主管部门、标准化专业机构、标准研发单位以及标准用户的实际需求，基于标准文本大数据，利用技术驱动，构建了一个覆盖标准全生命周期的服务模型。这一模型涵盖了标准的研制、应用推广、实施监督以及数据服务等多个环节，是一套完整的标准数字化服务模型，如图 1-6 所示。通过这一模型，能够更加高效、精准地满足各方需求，推动标准化工作的数字化转型与升级。

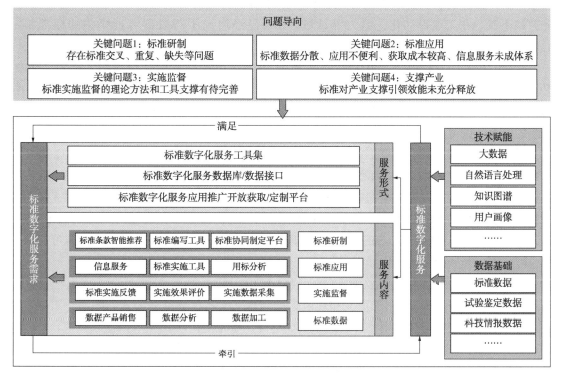

图 1-6　标准数字化服务模型

二、标准数字化相关技术概况

（一）机器可读标准

机器可读标准是标准数字化转型的核心内容和关键难点，也是国内外研究和发展标准数字化转型的重点战略方向。这种新型数字化标准以机器作为标准的直接使用对象，具有标准文本模块化、内容语义化、访问交互智能化等特征，能够有效支撑机器执行或解析标准内容，甚至自主应答询问，实现"标准即数据""标准即软件""标准即服务（SaaS）"等新型标准应用模式。

作为标准数字化发展的里程碑式产物，机器可读标准能够以创新的格式出现，允许机器直接读取并自动执行。这类标准具备较短的制定周期，已成为标准数字化转型的核心与关键挑战。机器可读标准以机器为直接服务对象，其特点包括标准文本的模块化、内容的语义化、互操作性的增强以及访问交互的智能化。全球范围内包括三大国际标准组织［ISO、

IEC、国际电信联盟(ITU)]、欧洲标准化组织(CEN/CENELEC)，以及美国、德国、俄罗斯等国家和地区，均已着手开展机器可读标准的研发与实施工作。我国在《国家标准化发展纲要》中明确提出，要积极推进标准的数字化转型，并深入开展机器可读标准的研究。

IEC 在市场战略委员会(MSB)发布的《语义互操作性：数字化转型时代的挑战》白皮书中，强调了语义互操作性的重要性。同时，IEC 成立了数字化转型和系统方法战略组(SMB/SG12)，该战略组专注于数字化工作、机器可读标准、语义互操作性和系统方法等方面的研究。IEC 还建立了数据库形式标准平台，该平台支持 IEC 国际标准的在线制定、发布、维护和下载。在工业自动化、电力等领域，IEC 已经启动了与机器可读相关的标准制定工作。

目前，我国国家标准大多仍停留在纸质或 PDF 等电子格式的初级阶段，相较于 ISO、IEC、ITU 及一些发达国家已步入的 XML 格式等内容结构化阶段，存在显著差距。因此，我国亟须加速推进机器可读标准的工作，以优化标准化工作的管理模式。这包括明确机器可读标准的概念、探讨其支撑技术、规划实施路径，并研发相应的信息化工具和服务平台。同时，开展重点领域的试点示范工作也是至关重要的。基于标准具有的机器可读能力，IEC 和 ISO 建立了机器可读标准分级模型，该模型已在众多国际、区域和国家标准化组织中达成共识。机器可读标准能力等级模型中每一级对应的能力需求如图 1-7 所示。其中，第 3 级至第 4 级被认为是具有高阶数字化能力的 SMART 标准。ISO 标准数字化转型可划分为两个阶段：第一阶段为实施标准标签集(STS)；第二阶段为推进 SMART 标准，实现标准机器可用、可读、可解析。开展的主要工作如下：

（1）将"数字技术"作为要点纳入《ISO 战略 2030》。

（2）开发了 ISO STS，用于定义和规范标准结构、文本、表格、公式、图形、图像、术语、参考引用等的标记和规则，并改进了 ISO 标准出版系统。

（3）根据 TMB 94/2018 号决议，于 2018 年组建 ISO 机器可读标准战略顾问组(SAG-机器可读标准)。主要工作包括：研究机器可读标准的定义；制定 ISO 采用和实施机器可读标准的路线图；将标准由文本格式转换为机器可读格式作为 ISO 优先工作事项；制定 ISO 机器可读标准指南；就机器可读标准的优先工作次序和实施形成一致性意见。

（4）识别了 SMART 标准的 6 个优先试点项目，包括地理字典、脚本转换系统编码、日历系统编码、标准文件元数据、产品属性数据库。

（5）2021 年 5 月，ISO 启动 ISO SMART 项目，分为用例、业务模式、技术解决方案 3 个子项目。工作内容主要包括：建立 ISO SMART 长远、清晰的认识；研究与风险管理相关的策略(如财务、法律、知识产权等)；改变管理模式；与 IEC 等伙伴开展协作。

（6）IEC 非常重视数字化转型，包括机器可读标准工作的开展。IEC 正在制定的新版战略规划中，首要主题就是赋能数字社会。其中包括制定符合数字经济需求的标准，推进 IEC 数字化转型，实现"标准即服务"。IEC 将"数字化转型""机器可读标准"纳入其总体规划实施方案(MPIP)目标。2021 年 10 月，IEC IB 成立"SMART 标准化与合格评定"任务组，负责制定 IEC SMART 的整体路线图；评估对于 IEC 及其成员国的影响和机遇，包括业务模式、用例、商业政策、法律条款等方面；负责与 IEC 各成员国联络，收集对于 SMART 标准化与合格评定的有关建议和意见；与 ISO SMART 战略组保持联系，确保 IEC/ISO 在 SMART 工作上的协调与合作。

（7）2019 年 10 月，MSB 发布《语义互操作性：数字化转型时代的挑战》白皮书，分析语义信息模型对于数字化转型的重要作用。

（8）2021 年，SMB 重新组建 SG12，工作范围包括：定义与 IEC 及其标准化活动相关的数字化转型方面；研究国际标准化工作的数字化转型方法；作为 IEC 数字化转型和系统方法的能力中心，为 IEC 提供专家知识和咨询服务；为 IEC 相关工作的研究、交付和使用识别新兴趋势、技术和实践；为内部和外部讨论及协作提供平台；与 ISO、ITU 等其他相关组织协作。

（9）2022 年 5 月，由我国机械工业仪器仪表综合技术经济研究所等单位在 MSB 牵头发起《SMART 标准社会与技术趋势报告》研究项目，将从行业角度梳理和分析 SMART 标准的市场和社会趋势，以及未来十年的潜在影响。

（10）2022 年 6 月，IEC 与 ISO 成立 SMART 标准联合协调组（JCG）、联合用例组（JUCC）和联合业务模式组（JBMG），整合双方专家资源，共同开展用例和业务模式等方面研究。而在支撑技术方面，仍保留 IEC/SMB/SG12 独立开展研究的工作模式。

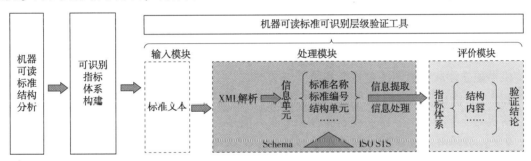

图 1-7　机器可读标准可识别层级验证技术路线

机器可读性是标准数字化发展过程中的一个显著特征。在此背景下，ISO 和 IEC 引入了 SMART 标准的概念（图 1-8）。这一概念的提出，源于 IEC 和 ISO 对当前标准在满足机器综合处理需求方面所存在的局限性认识。随着数字化的发展，机器（如计算机、小型智能设备、复杂机器系统）在数据收集、存储、分析和共享等方面的能力不断提升，而现有标准往往难以适应这种需求。

目前，各国际标准化组织及部分先进国家的标准数字化程度已达到图 1-8 中的阶段 2，并率先在信息技术、智能装备、航空航天等领域开展了面向阶段 3、阶段 4 标准数字化应用和探索。SMART 标准项目的核心宗旨在于革新标准文档的创建、管理、传递和应用流程，提高标准文档的使用效率，进而推动经济社会的全面进步。SMART 标准作为一种面向机器的数字化标准形态，旨在实现机器（如计算机、机器人、自动化系统等）的读取、识别、执行、解析与应用，其等级划分如下：

0 级：纸质标准，以传统纸质形式呈现，缺乏机器综合处理的能力。

1 级：开放数字格式，如 PDF 等电子文本，便于计算机检索和阅读，但尚未实现深度处理。

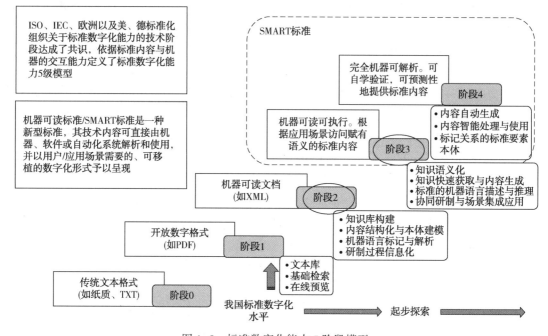

图 1-8　标准数字化能力 5 阶段模型

2 级：结构化机器可读文档，采用 XML、HTML 等数据格式，实现标准内容的结构化，支持机器独立读取文档的特定章节和段落。

3 级：智能机器可读内容，以计算机代码等形式展现，在 2 级基础上融入先进的语义算法，使机器能够根据实际需求自主接收、读取大量标准数据，并精确访问特定语义内容。

4 级：机器可智能解析内容，在 3 级基础上引入复杂信息模型，支持机器进行高级处理，如自主学习、理解、应答、执行、解析、验证与优化等。

此外，4 级之后的高级形态将实现个性化定制服务，以动态交付方式将标准作为个性化服务提供给客户，满足其特定需求。

SMART 标准项目认为机器可读标准(Machine Readable Standards)具有四大优势。首先，产品制造商能够将机器可读标准以数据形式无缝集成至产品和服务全生命周期的各个环节，此举不仅优化了开发成本，还显著提升了开发效率。其次，机器可读标准项目广泛涵盖政策监管部门，能够迅速响应政策法规的变动，并据此迅速调整，确保市场驱动的标准化与政策法规指导之间的高度一致。再次，机器可读标准的嵌入使用将简化数字工具的操作流程，使用户无须再为文本格式调整而烦恼，从而更专注于文本内容的创作。最后，机器可读标准致力于满足用户的个性化需求，提供量身定制的服务。

我国标准数字化水平整体处于纸质标准电子化、结构化(阶段 1)的初级阶段，尚未有对标准数字化演进的系统研究以及相关工具开发，也没有形成类似于 ISO/IEC 数据库形式标准、SMART 标准等标准新形式以及标准在线研制和发布的新模式，与国外存在较大差距。为了实现弯道超车，需要突破和完善标准语义知识库构建、标准内容数字化生成与标准全生命周期管理、标准机器语言表达与应用等方面的关键技术和方法，实现标准内容、标准研制、标准应用等方面的数字化赋能。这里的"机器语言"指为了对标准知识进行系统化描述、定义和说明，通过编译等方式可被机器识别、理解、执行的规范性语言，类似 XML/JSON、RDF、OWL 等。

XML、HTML、JSON 等语言可被用于对现有标准内容进行重构或编写，以实现标准内容的结构化。目前，XML 格式已成为各标准化组织广泛采用的标准格式。结构化处理旨在使计算机系统能够自主理解和处理标准，这是标准形式数字化的关键步骤，也是机器可读标准达到可识别层级的基础。该过程涉及对标准文本的结构组成、技术要素等进行深入分析，进而将其拆解为结构和语义要素，并赋予相应的标签，形成最小信息单元。例如，标准的章节、主题、范围、分类、引用等信息，以及图表、技术指标等，都将被拆解并赋予标签，最终以 XML 文件的形式呈现。这些 XML 文件包含了文本结构化的内容，使得软件能够识别其结构并执行相应操作，从而实现标准文本的机器可识别。因此，验证机器可读标准可识别层级的关键在于评估机器能否有效读取数字化的标准文本，并准确识别其结构和最小信息单元。

机器可读标准可识别层级的验证技术路线，如图 1-7 所示。首先，基于机器可读标准的结构分析，对标准文本进行拆解与标记，转化为 XML 文本格式。其次，依据结构分析的结果和可识别的具体需求，构建出全面的可识别指标体系。再次，在此基础之上可开发一款专用的可识别层级验证工具，该工具包含输入模块、处理模块以及评价模块。最后，利用这一验证工具，将对机器可读标准的可识别层级进行详尽的验证。验证过程如下：

一是将 XML 格式的标准文本输入处理模块中，通过 XML 解析技术自动提取标准的关键信息单元，如标准名称、编号以及结构单元等。二是依据 ISO STS 并利用 Schema，对这些提取的信息进行进一步的提取与处理。在信息处理完成后，可根据已构建的指标体系，对每一条指标进行详细的分析与评价。三是将所有分项评价结果进行整合，得出一个综合的验证结论，以全面评估机器可读标准的可识别层级。

1. 应用效果

（1）构建原则及方法。在构建机器可读标准可识别指标时，应遵循以下核心原则：

可操作性原则：强调指标的实际可行性。这一原则要求：①在确保体现机器可读标准核心特性的前提下，尽量简化指标体系，以确保验证方法的便捷性；②在确定指标时，优先考虑客观指标，减少主观判断和新指标的创造，以保障后续验证过程的顺利进行。

科学合理性原则：强调理论与实践的紧密结合。构建的可识别指标不仅要有坚实的理论基础，还要能真实反映标准所达到的机器可读层级。

系统优化原则：聚焦三个关键点：①通过精简的指标（包括数量和层次）全面系统地反映机器可读标准的可识别特性；②避免指标间的重叠和冗余；③运用系统论方法设计指标体系，确保体系的各个组成部分及其结构均满足系统优化的要求。

目的导向原则：要求构建的指标与验证目标保持高度一致，即确保所构建的指标能够有效验证标准是否达到了机器可读的可识别层级。

在构建这些指标时，必须基于对标准机器可识别的明确定义。这一定义要求将标准文本进行结构化处理，并为结构化内容赋予相应的标签。这些标签的名称、组织架构等需符合

ISO 相关标准的要求，以确保标准文本的结构化，进而使软件能够识别文件结构并进行信息检索等基本操作。具体的构建方法为：首先，深入分析标准文本的结构和 XML 文件的特点；其次，根据这些分析进行目标分解，构建两级指标体系架构，并根据验证目的对各级指标进行扩充和归并；最后，通过专家咨询对指标体系进行优化，从而确定最终的机器可读标准可识别层级验证指标。

（2）可读可识别指标体系。基于上述原则和方法，构建机器可读可识别指标体系，对每一个二级指标进行了说明，如表 1-1 所示。

表 1-1　机器可读可识别指标体系

机器可读等级	一级指标	二级指标	指标说明
可识别层级	标准结构	结构完整性	机器可以有效提取标准结构，标准结构应当符合要求，包含名称、编号、单位、目录、术语等标准基本元素
		结构准确性	标准结构关系应准确、合理，前后关系、包含关系应当满足现有标准编写规范要求，符合标准编写的逻辑顺序
	标准内容	基本要素完整性	XML 格式的标准，是否包含了 PDF 版本的基本信息
		内容表达准确性	1. 图片、表格、公式是否用合理的标签来表示； 2. 标签内数据类型是否与标签匹配； 3. 表格处理是否合理； 4. 公式处理是否合理； 5. 图片处理是否合理； 6. 引用参考是否合规； 7. 标题顺序是否正确排列； 8. 内容和标题是否一一对应

2. 主要面临的问题与解决方法

在将标准内容形式化并转化为机器可操作的形式时，面临四大核心挑战：

（1）明确标准转化的适应性，即需要确立一种评估方法来确定哪些标准具备转化为机器可读标准的潜力。

（2）优化信息表达格式，制定详尽的格式规范，确保标准中的关键信息，特别是图片、表格、公式等内容，能够被精确且全面地表达。

（3）确保格式兼容性，即确保所描述的机器可读标准格式能够无缝对接 IT 系统，确保系统能够有针对性地处理并运行这些标准。

（4）解决接口应用问题，在应用机器可读标准内容时，需要探索有效的 IT 方法来解决潜在的接口兼容性和操作性问题。

尽管标准机器可读技术在不断进步，但在油气管道领域实现机器可执行仍面临不小的挑战：

（1）深化机器可读标准研究，在现有机器可读标准文件的基础上，应进一步探索更高层级的机器可读标准，如机器可读可执行内容(3级)和完全机器可解析标准(4级)。

（2）加速机器可读标准应用推广，通过示范工程的方式，可以更快地推动机器可读标准在实际项目中的应用，从而提升油气管道标准的数字化应用水平。

（3）同步推进机器可读标准化工作，总结现有的标准数字化实践经验，研制并编写油气管道标准数字化系列技术标准。同时，应积极参与国际合作，依托机器可读标准国际合作组，共同推动国际标准化工作的发展。

3. 发展前景分析

在推动中国标准数字化转型的进程中，必须着重关注一系列关键技术，这些技术包括但不限于标准文本数据源的管理机制、标准数据的结构化拆解、标准数据标签集的构建、标准语义化数据字典的开发、标准数据交互接口的设计、标准数据资源库的建立，以及标准信息管理平台的应用技术等。展望未来，标准数字化转型将展现出多元化的发展趋势，其中标准数字化技术将不断演进，逐步实现数据源头的统一、数据接口的标准化、数据资源库的共享，以及服务应用的广泛多样化。

（二）标准辅助编写技术

1. 国外研究机构相关研究情况

ISO、IEC、CEN、CENELEC等国际和区域层面的标准化组织以及英国、美国、德国等发达国家及大型国际企业已开展了标准数字化发展路径和应用、数字标准构成等相关研究。

1）ISO、IEC

ISO、IEC等标准化机构发布的SMART、FLEX、管理壳等研究成果，推动了标准数字化规划技术、协同编制、语义解析等成为国际领域趋势热点。2016年IEC大会上展开了关于标准化未来的国际讨论，启动的DKE标准化2020计划引起了全世界的关注。

ISO和IEC于2020年10月联合搭建了在线标准开发（OSD）平台，该平台采用基于XML的标准标签组件模式进行文件编写，支持标准制定全过程的在线协作。OSD平台可以简化并加快标准创作过程，便于协同处理同一文档，增强内容准确性和用户指南及版本管理透明度，改进与现有工具的集成，使专家能专注于内容而不是格式，为用户量身定制。

该平台统一了ISO/IEC标准开发和流程，对应于SMART第2层；从标准创作过程开始就更有组织和更高效地协作工作；在标准开发的早期阶段改进/简化内容质量，提高内容的整体质量，便于评论和最终汇编决议。基于标准的内容开发系统（NISO STS），其平台的核心是NISO STS以及Editor工具。

NISO（National Information Standards Organization）发布的ANSI/NISO Z39.102—2017 Standards Tag Suite（STS），提供了通用的XML格式规范，可供标准开发者、出版者、发布者用来发布交换标准内容及元数据使用，具有丰富的语义标签。

Fonto Editor是一个基于XML的编辑工具，兼容NISO STS，易用性好、上手快，兼容性好、便于配置，支持在线协作和版本控制，实现了标准辅助编写。

迄今为止，已经有80多个工作组正在该平台内起草标准，超过7000名用户已经从创作角度体验过OSD。2022年4月，平台升级到2.0版本，可实现规范性参考文献和在参考书目条款中添加参考文献、管理表、自动编号、管理子句、使用列表、文档内（交叉）引用、添加和管理图形、添加公式、创建缩写术语列表、添加文本元素、内容质量检查、添加注释、示例和代码、添加脚注、添加附件、拼写检查器、添加外部链接等功能。可对基于

ISO/IEC 指令的以下内容进行质量检查并合并到 OSD 中。检测词语：可能、应该、应、应于范围条款；检测错误写入的表格、图形和方程式的交叉引用；检测错误书目和规范性参考文献；检测指令后面的术语和定义条款中错误编写的定义；根据英语(英国)进行语法和拼写检查(请参阅相关文章)；检测出版物中尚未交叉引用的术语的规则。

2）CEN-CENELEC

CEN-CENELEC 针对标准数字化工作，在 2018 年启动"在线标准化""未来标准""开源标准"专项，在线标准化包括在线协作写作平台和高端定制化的写作环境。2021 年发布《CEN-CENELEC 战略 2030》，提出使客户从最先进的数字解决方案中受益。拟通过推出一系列技术(包括机器可读格式标准和其他数字产品)来实现这一目标，并通过创新数字化的标准制定流程，开发用户友好的数字平台高效、协同编写标准，及时交付标准化产品。在 2024 年 12 月之前建立一个完整的 SMART 标准应用框架，并在试点进行全面测试。提出信息需要更加结构化和一致；信息类型(需求、示例、基本原理等)需要明确标识；需求需要是智能的(具体的、可衡量的、可实现的、现实的和有时限的)；要求识别、分类规则；支持内容创建的程序与工具。

3）美国

AIA 发布的《航空航天标准化未来》工作报告，对未来标准的表述为"标准及标准的编制程序要随着新兴技术的发展而不断创新，要有效融入数字化生产"。标准编制工具要保证全球航空航天业成员能随时参与标准编制和使用程序中任何环节的工作。未来标准将作为一系列数据单元进行管理和控制，而不再是一堆纸质的图表文件。用户(包括人、机器和其他使用者)能够方便地根据自身的需求以恰当的形式使用标准数据。

ANSI 提出标准数字化的三个方向：创建新的工具和方法来制定标准，让更多人参与标准化工作，形成新类型的标准交付形式；探索不同的标准出版格式，如更为灵活且稳定的 XML 技术；将标准直接集成到产品、系统和服务中。

波音公司的产品标准长期战略计划主要包括两大部分内容：一是建立数字化的标准制定和发布平台，确保标准数据源的唯一性，提升标准实施的信息化水平；二是统一标准数据源，实现标准数据的集成，并且研究和设计不同的标准表达形式，制定更加易用和灵活的数字化标准传播形式。

4）德国

2016 年，发布了《德国标准化战略》。根据该战略，DIN 将"机器可执行标准"(Machine Executable Standards)视作驱动目标实现的重要技术手段，是实现工业 4.0 的重要支撑，强调要对标准中的语义元素进行标记、使用 XML 定义标准结构和数据库格式、通过标准化的接口向用户提供服务、建立新的适应性的标准研制过程、提高术语的精确性、开发新的商业模式。

DKE 标准化 2020 计划专项 2——在线标准化现存问题：现行标准起草系统存在许多流程步骤和介质不连续性。文档仍需通过电子邮件反复发送、处理和转发。创建、发送、合并、重新发送、讨论注释表并将其合并到其他文档中，许多处理步骤会导致较长的处理和等待时间。专项目标是创建一个系统，从而加快标准制作，持续改进内容以及专家之间的国家和国际协作。将来，标准应该在线协作编写和评论。这将使创建过程更简单、更快、更容易使用。这种优化将使在更短的时间内开发和发布标准成为可能。在试点项目中，各个委员会能够同时处理不同的文件。这项工作为在需求清单中增加进一步的细节和改进提供了基础，确定了对标准化具有重要意义的功能。其提出的内容管理系统规划，建立了一个连续性数字流程，用于创建和发布标准和文件。XML 中的结构化表示形式允许对标准内容进行与格式无关的编辑，从而直接在各种新的发布渠道中使用。内容以模块化形式存储在内容管理系统中，然后可以使用特定的元数据对其进行内容丰富。

5）英国

BSI 提出要建立 Agile Standards 敏捷标准—2019。敏捷标准可以作为一个凝聚点，让创新者和颠覆者在一个不断增长的市场中寻求合作，在开发新解决方案和大规模快速实施之间架起一座风险桥梁。标准现有的制定方法非常适合那些围绕良好实践（例如产品安全）达成了相对成熟协议的领域。标准修订的周期以年为单位，而不是以月或周为单位，这允许内容改进过程中保持稳定、可控。随着科技进步和理解的成熟度不断迭代，标准新种类、新形势、新内容不断涌现，这些概念和方法就需要敏捷开发标准的方法应用于仍然存在很大程度不确定性的领域。因为在制定合适的标准并发布时可能需要数月甚至数年的时间才能达成共识。通过快速迭代开发标准，用户第一时间获取标准有价值内容，比传统方法的优势显著。

2020 年，BSI 提出新的标准形式——BSI FLEX 标准。专为新兴市场和快速发展的领域而设计，是一套基于规则的在线标准快速制定方法，支持在线编辑与修改，提供基于规则的在线标准制定和共享，具有开发灵活、快速迭代、开放协商等特点，能够高度共享实践经验，每个新版本都经过公开征询意见和审查并可供各类用户使用，通过该方法制定的标准即为 BSI FLEX 标准。新标准将迭代式在线制定周期与开放式协商和中立、独立的基于协商一致程序相结合，这些适用于 BSI 的所有类型标准化。BSI FLEX 保留传统的标准开发和建立方法，并对已建立的标准开发方法进行优化。从 BSI 的周期管理看，标准在应用过程中大家就可以不断地反馈意见，线上系统随时接收意见；通过意见收集、整理和采纳，对标准文本进行修改完善，新的版本就诞生了，版本的迭代不超过 6 个月；标准正在应用，就进入修订阶段。

2. 国内研究机构相关研究情况

中国标准化研究院开展了大量的标准数字化研究，基于语义识别进行了中外标准对比和标准结构化研究，开展了协同编制系统的研发。围绕基础原理与方法方向，中国标准化研究院作为 SAC/TC 286（全国标准化原理与方法标准化技术委员会）秘书处承担单位制定了以 GB/T 1.1《标准化工作导则》为代表的系列国家基础性标准，为标准数字化提供理论基础；围绕内容语义化方向，基于语义识别技术与丰富的国内外标准数据研究开发了中外标准内容指标比对系统。此外，由中国标准化研究院作为牵头单位，由国家标准馆主导起草和修订的国家标准 GB/T 39872—2021《标准文献技术指标揭示数据规范》、GB/T 39910—2021《标准文献分类规则》和 GB/T 22373—2021《标准文献元数据》这三项国家标准于 2021 年 10 月 1 日起实施。标准文献著录规则和标准文献分类规则是在 40 余年对大量标准文献进行著录、分类、加工和理论研究的基础上提出的标准文献分类加工的技术规范，是标准文献平台建设工作的基础，是规范与统一标准文献元数据著录和分类技术的重要手段，是实现标准文献分类整合、分类检索与共享服务的前提。GB/T 39910—2021《标准文献分类规则》和 GB/T 22373—2021《标准文献元数据》这两项国家标准的编制为在全国范围内提高标准文献元数据著录和分类著录的数据加工水平提供了基础保障。

（三）标准语义知识应用场景

1. 标准应用场景分析

面向油气管道标准科技前沿、发展趋势分析，基于重要网站、新闻、微信公众号、知乎等来源的数据，开发标准及标准化应用场景分析辅助工具，可量化分析标准起草单位对标准研制的贡献，从多个维度进行现状、趋势、热词等分析，并以图表等形式可视化显示分析结果。

1）论文引用分析

论文是科学或者社会研究工作者在学术书籍或学术期刊上刊登的，用来进行科学研究和描述或呈现自己研究成果的文章。标准文献被论文引用，可以在一定程度上体现标准文献的学术价值和标准起草单位的贡献价值。故本系统将利用万方文献数据库，对期刊中的参考文献进行抓取，并对抓取结果进行匹配和比对，筛选出其中引用了标准文献的记录，统计其结果，主要功能包括：标准名称和标准号搜索、不同领域中标准引用论文分析、不同时间段内论文引用标准分析、标准被引用详情统计。

2）新闻引用分析

新闻是记录社会、传播信息、反映时代的一种文体。它是用概括的叙述方式，以简明扼要的文字，迅速及时地报道附近新近发生的、有价值的事实，便于一定人群了解。标准文献被新闻引用可以提高公众对标准文献的认知度，提高标准的影响力，故本系统将采集新闻对标准文献的引用数据，将其作为评价标准文献的一项重要指标，主要功能包括：标准名称和标准号搜索、不同领域中标准引用新闻分析、不同时间段内论文引用新闻分析、标准被引用详情统计。

3）知乎引用分析

知乎是网络问答社区，连接各行各业的用户。用户分享着彼此的知识、经验和见解，为中文互联网源源不断地提供多种多样的信息。用户围绕着某一感兴趣的话题进行相关的讨论，同时可以关注兴趣一致的人。对于概念性的解释，网络百科几乎解答了你所有的疑问。对发散思维的整合，是知乎的一大特色，主要功能包括：标准名称和标准号搜索、不同领域中标准被知乎引用分析、不同时间段内知乎引用标准分析、标准被引用详情统计。

4）微信引用分析

微信公众号是开发者或商家在微信公众平台上申请的应用账号，该账号与 QQ 账号互通，通过公众号，商家可在微信平台上实现和特定群体的文字、图片、语音、视频的全方位沟通、互动，形成了一种主流的线上线下微信互动营销方式。2018 年 3 月腾讯宣布微信月活跃用户超过 10 亿，微信公众号的大众传播能力不言而喻，主要功能包括：标准名称和标准号搜索、不同领域中标准被微信引用分析、不同时间段内微信引用标准分析、标准被引用详情统计。

5）博客引用分析

新浪博客是中国门户网站之一新浪网的网络日志频道，新浪网博客频道是全国最主流、人气颇高的博客频道之一，拥有娱乐明星博客、知性的名人博客、动人的情感博客、草根博客等。时至今日，博客已被越来越多的人熟知和使用，主要功能包括：标准名称和标准号搜索、不同领域中标准被博客引用分析、不同时间段内博客引用标准分析、标准被引用详情统计。

以标准详细信息为中心，以用户的标准搜索为主线，实现起草单位、起草人、归口单位、标准分类、国别等基于知识图谱的分析，进行各类实体画像的构建，并形成实体画像报告，支撑标准大数据贡献指数报告的生成。

对标准知识图谱中实体的各类信息建立不同的索引，运用高效可靠的检索引擎管理图谱中各类实体及其关联关系，做到对知识图谱数据的高效检索。

对检索命中结果，做可视化展示。

运用柱状图、网络图、散点图、地图和弦图等多种形式，直观、形象地描述分析统计结果、知识图谱中实体的详细信息以及实体与实体间的关联关系。

2. 多维度标准统计分析

标准文献资源包括标准文献的归口单位、起草单位、标准文献分类、标准文献国别、文献起草时间等多种维度的数据，系统需要从多个维度对标准文献数据进行统计和分析。

1）起草单位分析

起草单位分析入口，包括整体分析、地区分析、类别分析、个体分析、排行榜等。

2）地区分析

可以针对特定领域、特定省份单独进行分析；可以针对一个省份单独统计出该省份的详细信息，以及各个数据的分布情况。能够以更加直观的方式展现出数据的各个维度信息，可以查看各个地方数据的分布情况，更加多维度、多元化地展示统计分析结果。包括各省起草标准情况对比分析、各省国家标准研制贡献指数比重与增长率情况分析、各省国家标准研制贡献指数排名与 GDP 排名对比情况、省份起草标准分析、各城市起草标准情况对比、省份起草标准热词展示、省内的起草单位排名并展示、城市起草标准分析、城市起草标准热词展示、城市内的起草单位排名并展示。

3）能力评价

研究如何根据现有标准资源和数据，进行多维度的分析，制定能力评价的指标体系，实现各省、城市或者企业的能力评价模型和排名等。包括计算各单位的国家标准起草贡献指数、选择不同时期查看国家标准起草单位排名数据、选择企业或非企业类型的起草单位查看排名数据。

4）起草单位类别分析

起草单位主要可以分为五个类别：政府机关、企业、专业研究院所、学校和学/协会，通过对不同类别的起草单位进行统计分析，能够展示不同类别起草单位起草国家标准的对比情况和变化趋势。

5）起草单位详细分析

多维度统计分析起草单位研制国家标准的情况，分析起草标准热词和合作密切的共同起草单位，并结合百科、专利、论文、项目信息，多角度展示单位的能力情况。包括起草单位国家标准研制贡献指数的变化趋势、起草标准热词分析、合作最密切的相关起草单位分析、研制国家标准列表展示、百科基本信息和图片展示、相关专利信息、相关论文信息、相关项目信息。

6）对比分析

为了便于比较不同地区或不同起草单位的标准研制能力，提供方便的对比分析功能，对比起草国家标准能力和热度等。具体功能包括选择两个城市或省份进行对比，选择两个不同的起草单位进行对比，起草国家标准趋势对比，主导、主持、参与起草的国家标准数量对比，起草国家标准的热词对比。

3. 标准查重

1）标准数据加工

标准数据加工功能是标准内容查重功能的核心子功能，为标准多模式检索、内容比对分析、可视化统计分析等提供基础数据支撑。标准数据加工的处理过程如图 1-9 所示。

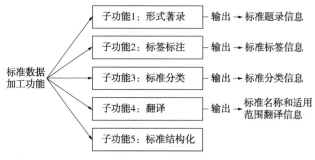

图 1-9　标准数据加工的处理过程

标准数据加工功能包括形式著录加工、标签标注加工、标准分类加工、翻译加工、标准结构化加工 5 个子功能。根据标准数据加工任务清单，由加工人员分别执行对应加工任务，最终输出加工结果。在此基础上进行标准比对，包括两两比对、段落相似度比对。

2）标准比对

标准比对功能用来实现同文种、语种、功能种类下，不同标准之间的比对与相似度分析。标准比对采用 2 种模式，第一种为标准两两比对，旨在比对 2 个标准全文的一致程度；第二种为标准段落相似度比对，旨在从石油天然气管网库中分析与选中段落相似的其他标准，并按相似度评分排序展示。

（1）标准两两比对：该功能旨在比对 2 个标准全文的一致程度，并以不同标记形式反映全文差异信息，为用户提供直观的标准全文差异数据。

标准两两比对结果以双屏方式呈现，针对新增/修改内容，采用浅蓝色底纹形式标注，针对删除内容，采用红色底纹+删除线形式标注，并对 2 个标准进行相似度分析。

（2）标准段落相似度比对：借鉴科技论文查重技术，应用标准内容揭示技术和机器可读关键技术，开发基于模糊综合评判方法的油气管道标准内容查重辅助工具，进行标准段落的相似度计算，给出标准段落相似度分值。该功能可协助用户快速定位与选中段落相似的其他标准情况。用户选中某一标准中的某一段落，系统会自动扫描石油天然气管网数据库，计算并显示相似度，并按相似度值对相关标准降序排列。

（四）标准智能翻译技术

在 NLP 领域，机器翻译作为备受瞩目的前沿技术，在标准领域的应用展现出了巨大潜力，不仅能促进国外标准的引进与采纳，还有助于国内标准的国际化推广。在实现这一目标过程中，关键技术环节显得尤为重要，涵盖了"中文文本处理""词义识别与解析""词性自动标注"等核心要素，共同构成了机器翻译在标准领域应用的坚实基石。

标准智能翻译技术是一种基于人工智能和 NLP 技术的翻译工具，旨在将文本、语音或图像等不同形式的信息快速、准确地翻译成目标语言。目前，标准智能翻译技术已经取得了显著的进展，但仍存在一些挑战和限制。

语言处理：尽管现代翻译工具在处理英语等主流语言方面已经取得了很高的准确率，但在处理小众语言、方言和俚语时仍面临挑战。

语境理解：翻译不仅仅是单词到单词的转换，还需要理解整个句子的语境和含义，包括识别比喻、隐喻和歧义，这些都是机器翻译面临的难题。

文化差异：不同语言和文化之间的差异使得翻译变得更加复杂。例如，一种文化中的笑话或双关语可能在另一种文化中并不适用或被误解。

标准化和质量控制：为了确保翻译的一致性和准确性，需要制定和维护翻译质量标准。这需要大量的资源和时间，而且目前仍缺乏统一的国际标准。

技术依赖：高度依赖技术的翻译可能会在技术故障或网络连接问题时出现翻译障碍。此外，对新技术的不信任和对数据安全的担忧也可能限制其使用。

法规和道德考量：随着翻译技术的发展，需要考虑到隐私、版权、伦理和法律等方面的问题。例如，自动翻译是否侵犯他人的隐私权或版权、在处理敏感信息时应该遵循的原则等。

人力参与：目前，大多数高质量的翻译仍然需要人工干预和校对。这虽然增加了成本和时间，但却是确保翻译质量和准确性的必要步骤。

综上所述，尽管标准智能翻译技术取得了显著进展，但在实践中仍然存在许多挑战和限制。随着技术的不断进步和应用场景的不断扩展，对这些挑战的研究和解决方案将会进一步推动智能翻译技术的发展。

1. 国外研究现状

20 世纪中期，在先进科技与计算机的支撑下，人工智能翻译技术正式问世。这一时期的人工智能翻译实践初具规模，但未实现广泛发展，仍有巨大进步空间。1946 年，宾夕法尼亚大学的 Eckert 和 Mauchly 制造出世界上第一台电子计算机 ENIAC，为翻译技术革新提供了坚实的物质基础。1949 年，沃伦·韦弗在《翻译备忘录》里正式提出用电子计算机进行机器翻译。1954 年 1 月 7 日，美国乔治敦大学协同国际商用机器公司，进行世界首次机器翻译试验，实现简单的俄译英。在此之后，一直到 20 世纪 60 年代，多国掀起人工智能研究热潮。20 世纪 60 年代初期，由于机器翻译应用探索深化，技术局限性显现，各国研究热情随之回落。自 20 世纪 90 年代以来，人工智能翻译进入新的发展时期。在这一时期人工智能翻译技术向纵深发展，实现了翻译技术的真正成熟与翻译技术理论体系的构建。1990 年以来，大量的语料出现。Hinton 评价，1990 年国际计算语言学大会开启了基于大规模语料库的统计机器翻译(Statistical Machine Translation，SMT)时代。研究者们在基于规则的机器翻译的基础上，引进了语料库工具，有利于人工智能翻译实现战略目标转移。

近年来，又产生了基于"深度学习"的神经机器翻译(Neural Machine Translation，NMT)系统。深度学习(Deep Learning)由 Hinton 等人在 2006 年提出，在处理模型分析和分类问题上更准确、性能更高。模拟神经网络的深度学习技术赋予机器自动学习抽象特征表达能力，并能够将学习结果灵活应用到其他任务中，因而基于深度学习的机器翻译可以最大限度地省去人工调配，实现由机器自动推断最佳翻译结果。

NMT 在学术界和工业界引起了越来越多的关注，与传统的统计机器翻译(SMT)相比，NMT 在端到端框架中实现了类似，甚至更好的翻译结果。

Maruf S. 等通过仅使用编码器和解码器上方的 LSTM 层的隐藏状态来简化颜色图的计算，引入了当前位置和计算窗口的概念来获得局部模型，使算法更简单、更高效。另有研究人员提出的翻译系统由具有 8 个编码器和 8 个解码器的深度 LSTM 网络组成。

Costa-jussà M R. 等指出，人们开始专注于使用计算机自动翻译不同的语言和文本，从而达到高效解决跨语言沟通困难的目的——机器翻译应运而生。Ranathunga S. 等指出，随着科学技术的发展，国家科技信息的交流越来越频繁，国家之间的语言障碍问题也越显尖锐。急需通过智能翻译的开发工作，跨越国家之间各个行业之间，尤其是油气管道标准研发过程中国际交流的语言障碍，推动油气管道标准国际化的发展。

2. 国内研究现状

徐耀鸿在分析了目前人工智能翻译的主要问题的基础上，提出了人工智能翻译记忆库和术语库建设维护的流程及方法。

晁忠涛等基于 Transformer 翻译模型开发了一款中英文机器翻译系统。结果表明，与其他翻译模型相比，其提出的中英文机器翻译系统在语句的通顺程度和语意的准确性方面均有提升。李蓉等针对传统机器自动翻译系统在翻译过程中速度慢、准确率较低的问题，提出基于人工智能处理器设计的机器自动翻译系统。通过客户端结构设计和人工智能处理器设计，完成系统的硬件设计；依托句子相似度的计算和消除句子歧义，完成系统的软件设计，从而实现机器自动翻译系统的设计。测试结果表明，基于人工智能技术的机器自动翻译系统，相比基于文本库的机器自动翻译系统，在句子翻译速度和准确率方面都有所提高。

熊伟等针对 NMT 和人工翻译性能的差异最小化、训练语料不足问题，提出了一种基于生成对抗网络的 NMT 改进方法。首先对目标端句子序列添加微小的噪声干扰，通过编码器还原原始句子形成新的序列；其次将编码器的处理结果交给判别器和解码器进一步处理，在训练过程中，判别器和双语评估基础值(BLEU)目标函数用于评估生成的句子，并将结果反馈给生成器，引导生成器学习及优化。试验结果表明，对比传统的 NMT 模型，基于 GAN 模型的方法极大地提高了模型的泛化能力和翻译的精度。冯掬琳等为了提高传统翻译系统翻译质量，提出一种基于多译本平行语料库的英汉智能翻译系统。为实现该系统，首先采用网络爬虫算法对英汉语料进行收集和预处理，搭建出多译本平行语料库；然后采用基于上下文向量的词对齐模型和基于余弦相似度计算方式的段落对齐模型作为系统模型，并构建出基于 attention 注意力机制–LSTM 的翻译系统，最后与基于跨语言词向量和基于 IBM 模型 1 的词对齐模型进行对比试验。结果表明，基于多译本平行语料库的英汉智能翻译系统可以有效提升翻译的正确率，达到预期的翻译效果，可以运用于英汉智能翻译的工作中。

在油气管道领域，标准数字化转型也是大势所趋，通过调研发现，目前标准数字化成熟度还不高，在油气管道行业标准全生命周期中存在的机器可读典型需求，集中于标准研制、使用与维护 3 个环节中。其中标准的智能翻译便是其中一项重要工作，目前针对油气管道领域的智能翻译技术发展还不完善，因而通过标准数字化新技术的研究及应用示范，迭代更新现有标准信息化、综合运用智能翻译等技术，对研究形成具有油气管道行业特色的标准数字化系列技术具有非常重要的意义。

3. 应用效果

标准数字化领域的智能翻译技术已展现出显著的应用效果，极大地提升了翻译的准确性和效率。

首先，该技术具备高效处理大量文本的能力，从而显著提升了翻译的速度。其次，基于人数据和机器学习技术的支持，智能翻译系统能够更精准地理解原文的深层含义，有效减少了歧义和翻译误差。最后，该技术还兼容多种语言翻译，满足了不同领域和场景的翻译需求。

然而，智能翻译技术也存在其局限性。例如，在某些特定领域，如法律、医学等，需要专业知识和经验支撑，此时机器翻译尚不能完全替代人工翻译。同时，由于机器翻译缺乏文化背景和语境的深入理解，有时会出现误解或表达不自然的情况。

总体来看，标准数字化领域的智能翻译技术已取得了长足的进步，但仍需持续优化和改进。随着技术的不断演进，有理由相信，未来的智能翻译将更加成熟、准确，为人类交流提供更加优质的服务。

4. 主要面临的问题与解决方法

标准数字化智能翻译技术面临的挑战：

（1）数据质量参差不齐：翻译的准确性直接受数据质量影响，数据源的多样性和复杂性可能导致数据质量的不稳定，进而影响翻译结果。

（2）语言复杂性的挑战：不同语言间的语法、词法、句法差异，以及文化背景的不同，使机器在翻译过程中遇到重重障碍。

（3）语义多样性和歧义：真实语境下，词语或短语常存在多重意义，这给机器翻译增加了复杂性。

（4）上下文信息的缺失：当前智能翻译技术多局限于短句或短文，缺乏对整体语境的把握，影响了翻译的连贯性和准确性。

（5）技术伦理的考量：特别是在涉及个人隐私和商业机密时，智能翻译技术需考虑隐私保护、版权、伦理等问题。

针对上述挑战，提出以下解决方案：

（1）优化数据源质量：通过筛选和清洗，使用更为准确、全面的数据集来训练机器翻译系统，确保数据质量。

（2）深化语言学习：使机器翻译系统不断学习和适应各种语言的特性与文化背景，以应对复杂的语言现象。

（3）歧义消解策略：借助深度学习和 NLP 技术，开发高效的歧义消解算法，帮助机器在翻译时做出正确选择。

（4）加强上下文建模：利用先进的深度学习模型（如 Transformer、BERT 等），提升机器对长文本的整体理解能力。

（5）强化伦理规范实施：制定并严格执行技术伦理规范，确保智能翻译技术在保护隐私、尊重版权的前提下得到合理应用。

这些措施旨在有效应对标准数字化智能翻译技术面临的挑战，进一步提升其在实际应用中的效果与性能。

5. 发展趋势分析

标准数字化智能翻译技术的发展前景令人瞩目。在全球化趋势加速、信息技术日新月异的背景下，该技术有望在多个领域实现广泛应用。以下是对其发展前景的几点深入分析：

（1）市场潜力巨大：随着国际贸易的蓬勃发展和全球化步伐的加快，智能翻译技术的市场需求呈爆发式增长。众多企业和机构迫切需要高效、准确的智能翻译服务来支持其跨国业务，这为智能翻译技术提供了巨大的市场机遇。

（2）技术创新引领发展：人工智能技术的飞速发展，特别是深度学习、神经网络等前沿技术的突破，将极大地推动智能翻译技术的进步。这些技术将显著提升翻译的准确度、质量和效率，使智能翻译技术能够更好地满足各种复杂的翻译需求。

（3）跨语言交流需求迫切：在全球化的背景下，多语言市场的崛起使得跨语言交流成为企业和个人的刚性需求。智能翻译技术能够迅速、精准地进行语言间的转换，助力人们打破语言壁垒，促进跨文化交流与合作。

（4）云服务与移动设备助力普及：云服务和移动设备的普及为智能翻译技术的发展提供了强大支撑。云服务使得智能翻译服务能够随时随地为用户提供便捷的服务，而移动设备则让跨语言交流变得更加便捷和高效。

（5）定制化服务满足个性化需求：不同行业和领域对翻译的需求各有差异，用户对智能翻译服务的个性化需求日益增加。为了满足这些需求，智能翻译技术需要不断进行定制化服务的探索和优化，以提升用户体验和服务质量。

综上所述，标准数字化智能翻译技术有着广阔的发展前景。在技术的持续创新和市场需求不断增长的推动下，智能翻译技术将不断取得新的突破和进展，为全球范围内的跨语言交流和合作提供更加优质、高效的支持和服务。

国际标准化的工作正经历着频繁的更新与演进，不同国家和行业组织快速更新其标准信息，这充分展示了该领域对安全运营和效率提升的持续追求。与此同时，一些发达国家，如美国、英国和德国等，已经建立了执行严格、监管严密的管道安全管理体系，通过法律法规和标准的制定与实施，确保油气管道的完整性和运行安全。

第三节 油气管道标准数字化发展意义

一、提升各类各级标准制修订过程管理效率

油气管道标准数字化技术聚焦起草人员、审编人员共同编写标准的在线协作平台研究与设计，可以建立各级各类标准的编写模板、减少沟通环节、缩短沟通时间、提高编写效率、缩短制修订周期、提高标准数字化程度，大幅提高了各环节的标准编写和校对效率，预计标准制修订周期可以缩短1个月乃至更多。在标准全生命周期中，起草人员、审编人员可利用项目研究成果实时查看他人的修改情况，同时针对修改内容进行在线提问，避免了沟通不畅、多次确认、重复修改等问题。项目成果将支持修改内容、提交操作等行为的动态提醒功能，起草人员、审编人员可以及时掌握标准的进度与反馈信息，在第一时间进行修改。此外，在线起草系统作为文档编写系统支持多种编辑模块，起草人员可以快速按照对应格式要求进行编写，大幅缩短了标准的起草时间。

二、强化标准编写质量协调一致性

基于标准辅助编写技术，可建立一体化的标准编制流程和互补型的标准编制基础结构，解决各标准制定单位或者工作组间的重复性工作问题。支持多人在线审查，便于起草人员、审编人员共同发现问题，因此可以将标准文本差错率降到最低，大幅提升企业标准与国家标准、国际标准关键技术指标的一致性程度。标准的制定和传播方式使标准数据易于与产品设计数据或其他全生命周期数据流相结合；标准的制定和传播工具与程序不受数据格式和知识产权问题的束缚。

三、提高标准数据共享和交互能力

为起草人员、审编人员提供在线编辑和预览功能。可对修改内容进行记录并保留痕迹，对修改内容进行回退还原，并支持对修改内容进行跟踪定位，提升起草人员和审编人员协作能力，将标准研制融入共性技术平台建设，缩短新技术、新工艺、新材料、新方法标准研制周期，加快成果转化的应用步伐。同时系统支持微信绑定，绑定后，起草人员、审编人员可对同一篇稿件进行在线交流、协同修改，交流内容和稿件修改内容会实时推送到微信端，实现标准起草人到最终编辑人员的线上交流，确保标准质量和标准周期。在标准交互过程中，完全实现了标准数据内容的共享，不仅在质量和周期上得到大幅提升，还在标准内容研讨、标准翻译、标准编制比对分析等方面，为标准化工作者提供了良好平台。

四、夯实项目成果普适性基础

基于标准数字化技术，标准将作为一系列数据单元进行管理和控制，而不再是一堆纸型的图表文件。用户(包括人、机器和其他使用者)能够方便地根据自身的需求以恰当的形式使用标准数据。用户能随时按照需要的格式读取标准数据，标准数据也能简便地与其他产品设计数据相结合。

将规定一套可适用于石油天然气管网的文档标准规范，从而使得不同的互相竞争的软件共用相同的文件格式。以标准作为实现互操作性的一种手段，保障不同的系统和组织机构之间项目合作、协同工作的能力。

五、实现标准资源自动归集

标准辅助工具完全支持可视化、结构化在线编写及存储；对标准文件各要素的自动化识别准确率达90%以上，对各要素逻辑结构拆分的准确率达90%以上，对各类要素的关联识别准确率达90%以上，最终输出的标准PDF文件格式能100%达到出版的规范要求。

由标准文本转化成的XML数据能够保证每个标签下的内容均为最小颗粒度；同时在最小颗粒度下，保证信息完整性，即保留最小颗粒度标签之间的内容关联。在线起草系统在编写过程就同步进行XML结构化，因此节约大量人力物力，时间成本对标准文本进行结构化、碎片化处理，提质增效效果显著。

第二章

油气管道标准知识体系构建技术及应用

第一节　概　　述

油气管道标准主要包括安全、环保等类型，油气管道标准知识体系是在上述标准数据基础上，抽取不同粒度的知识所建立的。知识体系的构建有助于加强知识分类、加深标准理解、精准标准定位及标准对比。油气管道领域本体作为标准知识体系的核心框架，主要用来描述各种知识的概念及这些概念之间的相互联系、领域活动和该领域的特性及规律，为油气管道标准知识体系的构建提供有力的技术支撑。

本章详细介绍了构建油气管道标准知识体系的过程。第二节介绍了油气管道标准知识体系的构建过程。第三节提出了基于本体理论的标准知识体系组织方法及其实施路径。第四节介绍了标准知识体系构建技术。第五节介绍了标准知识体系的设计与建设。

第二节　标准知识体系构建

标准知识体系构建分为标准知识获取、标准知识融合、标准知识存储三个过程。

一、标准知识获取

标准知识获取是指从信息源中抽取标准知识内容及其之间的关系，实现特定领域的标准知识体系构建。这一过程需要准确识别领域内的基本概念、术语和分类体系，并揭示这些概念之间的逻辑关系、层级结构以及潜在的相互作用。标准知识获取需要对信息源进行深入的理解与分析，以确保提取的知识既全面又准确，能够完整地覆盖该领域的标准知识体系，为后续的知识融合与应用奠定坚实基础。

二、标准知识融合

标准知识融合是指对不同供应商的知识库中的标准知识体系进行融合，构建满足应用需求范围的标准知识体系。在这一阶段，通过知识融合技术，对多个知识库中的标准知识体系进行深度整合。通过消除冗余、解决冲突、补充缺失，实现知识间的无缝衔接与互补，从而构建出一个更加全面、准确、满足广泛应用需求的标准知识体系。这一过程不仅提升了知识的综合价值，也为跨领域、跨系统的知识共享与应用提供了可能。

三、标准知识存储

标准知识存储是指对构建完成的标准知识体系进行数字化存储，明确存储内容（包括知识本体、知识实例、知识关联等）、存储方式（如数据库、文件系统、云存储等）以及存储技术功能要求（如数据安全性、访问权限控制、备份恢复机制等）。通过科学合理的存储设计，确保标准知识体系的安全稳定、易于访问与扩展，为后续的知识管理、知识服务及知识创新提供强有力的支撑。

在完成标准知识体系构建与存储后，将标准变化情况与标准知识体系中对应内容做映射，使其与标准更新、替代、修订或废止情况保持一致，并依据标准更新、替代、修订或废止情况动态更新。标准知识体系的更新包括实体、属性及关系的更新。

第三节 标准知识体系组织

一、基于本体理论的标准知识体系组织方法

（一）基于本体理论的油气管道标准知识体系组织方法背景

完成油气管道标准知识体系构建后，本节对标准知识体系中包含的各类标准开展知识体系组织方法研究。传统人工进行的标准知识管理存在油气管道标准数字化程度低、标准使用风险大等不足，并直接导致了标准知识管理与企业业务脱节、知识表示形式化低、计算机处理难度大等问题。近年来，随着语义网络的广泛应用，本体作为一种新型知识体系组织方法，在语义标注和信息检索中展现出强大的价值，其核心与叙词表类似，也是对概念进行互操作。但本体在叙词表的基础上，又扩展了新的语义关系，如属性关系、同一关系和继承关系等。本体理论主要研究特定领域知识的对象分类、属性及对象之间的关系，在描述领域知识的时候为其提供术语。在信息技术领域，本体具有明确化、形式化、概念化和共享性的特点。其目标是捕获领域内的知识，对领域内共同认可的词汇进行确认，并从形式化模式上给出明确定义。而油气管道领域本体则主要描述各种知识的概念及这些概念之间的相互联系、领域活动和该领域的特性和规律，从而实现油气管道领域多学科信息和知识集成。因此，本节将基于知识本体开展油气管道标准知识体系组织方法研究，以油气管道标准知识为管理对象，构建本体模型的油气管道标准知识体系组织方法框架。

（二）基于本体理论的油气管道标准知识体系组织方法要求

在油气管道标准知识体系组织过程中，本体作为基础理论，不仅决定了知识体系结构的稳固性与可扩展性，还直接影响到后续知识应用与创新的效率与深度。本体的构建承载着知识体系中各要素之间的逻辑关系与层次结构，也是后续知识管理、应用的基础。因此，在深入介绍标准知识体系组织方法框架前，需要明确本体构建的具体要求与流程。

1. 本体构建要求

本体构建应符合以下要求：

（1）覆盖标准元数据，包括标准的基本信息，如标题、编号、发布日期等；

（2）覆盖标准核心要素，确保准确、全面地抽取实体；

（3）支持实体类型、属性类型及关系类型的更新，确保模型的灵活性和可维护性；

（4）满足本体模型约束条件的定义，包括约束规则和逻辑，确保数据的一致性和完整性。

2. 本体构建流程

油气管道领域标准知识体系本体构建方法思路如图 2-1 所示。

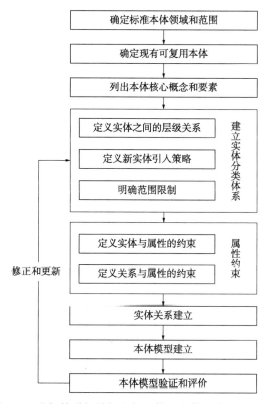

图 2-1　油气管道领域标准知识体系本体构建方法思路

构建流程各环节要求如下：

（1）确定标准本体领域和范围：本体模型内容包括标准属性模型、标准内容模型、标准应用模型、标准技术要素模型 4 类子模型。不同类型的子模型适用不同的应用场景。应依据标准知识体系的应用需求进行确定。

（2）确定现有可复用本体：参考可复用本体的确认原则。

（3）列出本体核心概念和要素：本体核心要素应结合标准知识体系的应用需求进行选择。按照本体模型的适用范围划分为国际标准、国家标准、行业标准、地方标准、团体标准和企业标准。

（4）建立实体分类体系：本体的实体分类体系，应依据行业知识文件和专家意见，采用自顶向下法进行细化拆分。

（5）定义实体间关系类型与实体属性类型：标准实体间关系与实体属性的类别划分，包括标准的内在实体间关系与实体属性（如章节条款之间的关系）以及标准的外在实体间关系与实体属性（如标准之间的关系）。

（6）定义实体间关系与实体属性的约束：宜明确本体中实体间关系与实体属性的限制，避免出现异常值。

（7）本体模型验证和评价：可通过建立评价标准进行本体模型的验证和评价。

（三）基于本体理论的油气管道标准知识体系组织方法框架

基于本体理论的油气管道标准知识体系组织方法主要分为四个模块：知识分类模块、本体构建模块、标准知识表示模块以及标准知识图谱模块。

知识分类模块主要用于对油气管道领域的标准知识体系进行分类。标准知识体系包括两类：①安全体系，主要包括设计类标准、安全生产设备标准、生产工艺类安全卫生标准、防护用品类标准、安全管理类标准、安全职业教育标准、安全技术规程；②环保体系，包括环境质量与污染排放标准、环保管理标准和环境监测技术标准。

本体构建模块主要用于构建油气管道标准知识本体库。通过对知识分类模块中不同标准分类主题知识框架下标准的收集分析，提取各分类主题包含标准的知识本体，并进行优化维护，形成油气管道领域标准知识本体库。

标准知识表示模块主要用于构建油气管道领域标准知识三元数据模型，即本体（标准化对象）-体例（标准段落结构）-标准指标。其中，本体和体例均需要建立同义词和上下位的关系，标准指标还包括指标项、指标值、计量单位、限定类等，从而实现文献碎片化。

标准知识图谱模块主要是通过机器学习技术，基于上述三个阶段的成果，按照领域分类-领域本体-领域子本体-本体（标准化对象）-体例（标准段落结构）-标准指标的形式进行机器可视化标准知识图谱展示。

二、基于本体理论的标准知识体系组织方法的实施路径

（一）基于本体理论油气管道标准知识体系组织方法的实施原则

本体独立于任何语言、支持不同知识系统之间资源共享的特点，使得许多大规模知识库的构建过程中都选择把设计本体作为第一步，同时对油气管道领域标准知识的表示和利用也都需要一套高质量的领域本体作为基础。因此，为提升本体构建工作质量和水平，本体设计应遵循以下原则：

（1）明确性和客观性：本体应使用自然语言客观且明确地给出术语的含义。

（2）一致性：知识推理出的结论与术语本身含义互相兼容且不冲突。

（3）可扩展性：按需向本体添加新术语时不必修改已有内容的定义。

（4）完整性：本体所包含的术语定义是完整的且能全面描述特定术语的含义。

（5）最少约束：对待建模的对象应列出尽可能少的约束条件。

（6）权威性：领域标准知识本体的构建过程应有领域专家适度参与评价和检验。

（7）最小编码偏差：本体应独立于具体编码语言而不依赖特殊化符号。

（8）层次性：尽可能地使用语义网层次结构实现多继承机制。

（9）效率性：考虑复用现有标准知识本体或术语以减少本体构建的工作量。

（二）基于本体理论油气管道标准知识体系组织方法实施思路

考虑到油气管道领域标准题目、范围和术语等涉及的词汇量丰富，遵循上述知识本体构建原则，实施以叙词表为表现形式的基于本体理论油气管道标准知识体系组织方法分为三个阶段：本体的分类规划与设计研究、油气管道领域标准知识本体叙词表构建研究、知识本体评价与进化研究。

1. 油气管道领域标准知识本体的分类规划与设计研究

本体是一个复杂的知识体系，所包含的领域知识往往也十分庞大，因此，在构建油气管道领域标准知识本体时，需要先将所要构建的油气管道领域标准知识本体划分为多个子领域本体，然后分别对每个子领域本体进行构建，最后再将各个子领域本体关联成为一个完整的油气管道领域标准知识本体。本阶段的主要研究任务是开展油气管道领域标准知识本体划分研究，依据已构建的油气管道领域的标准体系对油气管道标准知识本体进行划分，将油气管道领域划分为安全和环保 2 个顶级类本体，其中每个顶级类本体又可以继续向下划分为子领域本体，最后划分为 10 个子领域本体。油气管道领域标准知识本体划分框架见表 2-1。

表 2-1　油气管道领域标准知识本体划分框架

序号	领域顶级类本体	子领域本体
1	环保	环境质量与污染排放标准
2		环保管理标准
3		环境监测技术标准
4	安全	设计类标准
5		安全生产设备标准
6		生产工艺类安全卫生标准
7		防护用品类标准
8		安全管理类标准
9		安全职业教育标准
10		安全技术规程

2. 油气管道领域标准知识本体的叙词表形式构建研究

在构建油气管道领域标准知识本体的过程中，需要对叙词表中的概念进行彻底的清洗和转化，以确保它们与本体中的概念相匹配。在这一过程中，不仅要保持叙词表中概念的原始定义和中英文标注等信息的完整性，还要对属性和实例进行准确的标注，以便于后续的数据处理和知识检索。此外，为了适应油气管道领域的特定需求和复杂性，还需要对概念间的关系进行扩展和细化。这一步骤包括将叙词表中的参照项映射为本体概念间的关系，并根据实际情况进行适当的调整。在油气管道领域，标准知识本体的关系可以被划分为两类：通用关系和自定义关系。

1）油气管道领域标准知识本体的通用关系研究

一般而言，领域标准知识本体包括等同关系、部分与整体的关系、继承关系、属性关系和实例关系五种基本关系，故在此基础上确定了如表 2-2 所示的通用关系。

表 2-2　领域标准知识本体概念间通用关系

关系名称	表示形式	解释说明
等同关系	equivalent-of/same-as	表达概念之间的同义关系
部分与整体的关系	part-of	表达概念之间的部分与整体关系
继承关系	kind-of	表达概念之间的上下位类的继承关系
属性关系	attribute-of	表达一个概念是另一个概念的属性
实例关系	instance-of	表达概念的实例与概念之间的关系

领域标准知识本体中的等同关系与叙词表中的等同关系相似，叙词表中的等同关系一般指的是同义词、准同义词和叙词与非叙词替代三种，但需要注意的是其中只有同义词才可被转为本体中的等同关系，同时通过研究，油气管道领域标准知识本体中的同义词还应该包括同一个概念的不同命名或译名、俗称与学名、流行词与过时词、简称与全称、全名与缩写词等形式。

2）油气管道领域标准知识本体自定义关系研究

自定义关系是根据油气管道领域标准知识本体的需求所建立的专用于油气管道领域标准知识本体概念间的特殊关系。建立如表 2-3 所示的自定义关系。

表 2-3　领域标准知识本体概念间自定义关系

关系名称	表示形式	解释说明
组成部件关系	component of 与 component	表示作业过程中所使用设备的组成部件
所属关系	belong to 与 belong	表示所属管辖单位或范围
影响关系	affect by 与 affect	表示概念之间的相互影响
步骤关系	subprocess of	表示某个事件是另一个事件的步骤之一
依赖关系	need	表示概念间的支撑依赖关系
关联关系	relate-to	表示概念之间有一定的相关性
用途关系	use-to	表示某设备或方法的用途
故障异常关系	has-error	表示各种故障现象
方向关系	be the left of、be the west of 等	表示东、南、西、北、东北、西北、东南、西南或上下左右方向关系
位置关系	locate in	表示事物之间的位置关系
时间关系	before after	表示事件发生的先后或概念的先后关系

3）油气管道领域标准知识本体叙词表形式研究

以油气管道领域标准体系为基础，以油气管道领域标准知识本体划分框架表为主线，以油气管道领域标准知识本体关系为核心，确定了油气管道领域标准知识本体叙词表（示例，后面将针对油气管道领域标准知识本体和标准内容特点进行更为具体详细划分），具体见表 2-4。

表 2-4 油气管道领域标准知识本体叙词表

序号	领域顶级类本体	子领域本体	一级标准知识本体	二级标准知识本体
1		设计类标准	工业建筑	散热器、供暖管道、电动压缩式冷水机组、溴化锂吸收式机组、热泵、蒸发冷却冷水机组、空气调节冷热水及冷凝水系统、空气调节冷却水系统、制冷和制热机房
			工业企业	企业准轨铁路、企业窄轨铁路、地下管线、地上管线
			固定式直梯	安全护笼、立柱、踏棍
			工业楼梯	直楼梯、旋转楼梯
			石油化工可燃气体和有毒气体检测报警系统	探测器、现场报警器
			电梯	电梯部件、安全钳、限速器、缓冲器
2	安全	安全生产设备标准	起重机	履带起重机、随车起重机、桥式和门式起重机、汽车起重机
			电阻焊机	液体冷却系统、气路系统、液压系统
			可燃气体报警控制器	指示灯、音响器件、熔断器
			固结磨具	磨削设备
			建筑施工机械与设备	钻孔设备
			汽车举升机	钢丝绳、链条、滑轮
			简易升降机	曳引式简易升降机、强制式简易升降机、齿轮齿条式简易升降机
			消防应急救援装备	手动破拆工具、破拆机具
			固定式钢梯	钢直梯、钢斜梯
			泡沫灭火系统	低倍数泡沫灭火系统、中倍数与高倍数泡沫灭火系统、泡沫-水雨淋系统、泡沫喷雾系统
			石油气体管道阻火器	阻爆燃型阻火器、阻爆轰型阻火器、耐烧型阻火器
			油气井用电雷管	—
			船舶溢油应变部署表	
3		生产工艺类安全卫生标准	危险货物	爆炸品、易燃液体
			液体石油产品	—
			腐蚀性商品	发烟硫酸、亚硫酸、硝酸、盐酸及氢卤酸、氟硅（硼）酸、氯化硫、磷酸、磺酰氯、氯化亚砜、氧氯化磷、氯磺酸、溴乙酰、三氯化磷等多卤化物，发烟硝酸、溴素、溴水、甲酸、乙酸等有机酸类、氢氧化钾（钠），硫化钾（钠），甲醛溶液
			毒害性商品	爆炸性物品、氧化剂、压缩气体和液化气体、自燃物品、遇水燃烧物品、易燃液体、易燃固体、毒害性物品

续表

序号	领域顶级类本体	子领域本体	一级标准知识本体	二级标准知识本体
3	安全	生产工艺类安全卫生标准	废硫化氢	—
			气瓶	—
			天然气凝液	—
			液化石油气	—
			钻井	—
4		防护用品类标准	个人用眼护具、防护鞋、安全鞋、机械危害防护手套、带刚性导轨的自锁器、安全绳、速差自控器、消防员呼救器、安全帽、化学品及微生物防护手套、自吸过滤式防毒面具、挂点装置、工业防护栏杆及钢平台、安全带、阻燃服、焊接服、劳动防护服、连接器、化学防护服、缓冲器、足部防护鞋(靴)、焊接防护具、自动变光焊接滤光镜、劳动防护雨衣、劳动防护手套、消防员照明灯具、安全网、消防水带、安全阀、护听器、火灾逃生面具、防静电工作帽、带电作业用屏蔽服装、防寒棉服	—
5		安全管理类标准	消防安全标志、海船救生安全标志、危险货物车辆标志、电力安全工器具、运输车队、供用电、重大气象灾害、应急救援站	—
6		安全职业教育标准	职业病、职工工伤、人员培训机构、放射工作人员、海洋石油作业人员、职业卫生监管人员、危险化学品从业人员、锅炉水处理作业人员	—
7		安全技术规程	油气化工码头、化学品、钻井井场、锅炉、油气水井、原油(污水)金属管道、计算机场地	—
8	环保	环境质量与污染排放标准	大气污染物、水污染物、医疗污染物、农用污泥污染物、石油勘探开发污染物、固体废物、土壤质量、空气质量、城市杂用水、锅炉烟尘、农田灌溉水	—
9		环保管理标准	环境数据信息、六氟化硫气体检测设备、油气管道企业能源管控中心	—
10		环境监测技术标准	地下水环境、近岸海域环境、突发环境事件、水质、固定污染源废气、工业循环冷却水、石油开发废弃泥浆	—

3. 油气管道领域标准知识本体评价与进化研究

对之前所构建的本体进行总结和评价，及时发现不足并改进，然后反馈至本体构建过程中，同时对概念、关系和实例进行不同程度的进化，最终形成一个完整的油气管道领域标准知识本体。油气管道领域标准知识本体的实施思路如图2-2所示。

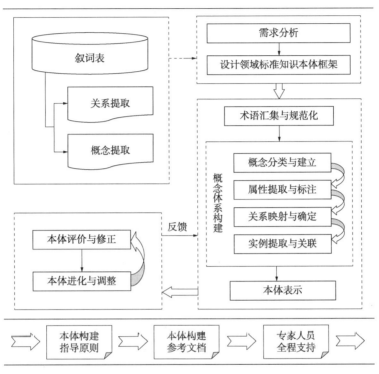

图2-2 油气管道领域标准知识本体的实施思路

标准知识本体的构建是一个不断完善且反复迭代的过程。因此，我们所构建的油气管道领域标准知识本体也只是某个阶段比较完善而已，在初始版本的油气管道领域标准知识本体建立完成后，还需要反复应用于实际并进行评价、排错、扩展、优化和改进，这个过程会始终贯穿于标准知识本体的生命周期，如图2-3所示。

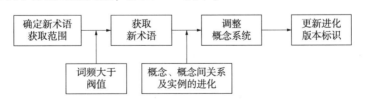

图2-3 油气管道领域标准知识本体优化方法流程

在油气管道领域标准知识本体的构建与持续优化过程中，本体的进化内容包括概念的进化、概念间关系的进化、实例的进化三个核心维度。其中，概念的进化是指不断根据实际需求添加、删除、修改现有油气管道领域标准知识本体的概念范畴归属；概念间关系的进化是指调整油气管道领域标准知识本体中原有关系以及增添新的概念间关系；实例的进化是指将发现的新实例与油气管道领域标准知识本体中的实例相关联，并添至实例库。

第四节　标准知识体系构建技术

在标准知识体系构建和标准知识体系组织模型中，最核心的部分是标准知识本体的抽取。本节先介绍标准知识本体的划分技术，之后从通用和专用两个方面介绍标准知识体系的抽取技术。

一、标准知识本体划分技术

(一) 文本分类的技术

标准文献存在其自有的特殊性，从标准数据题录分析及非结构化文件或者半结构化文件我们也可以获取重要的知识信息。文本分类系统的主要功能是可以自动地对文档进行分类，赋予文档一个预先定义的类别主题词，便于电子文档的组织。文本分类技术主要包括自动化分类技术和规则分类技术。

1. 自动化分类技术

通常，词是最重要的分类知识，根据标准中特定词的出现或者不出现、出现次数等信息，可以进行文本类别的判定。对于一个具体的分类问题，适合做分类知识的词往往只占词典的一小部分，而且这些词对分类的作用大小也是不同的。一个区分国内新闻和国外新闻的分类问题中，国家名、国内外地名、人名等是分类知识。由于现有分词算法和词典规模的限制，标准文档有很多具有分类价值的词或短语没有被识别出来，如各学科的专业术语以及人名、地名、组织机构名称等。为了获取更多的分类知识，提高分类的准确率，采用基于统计方法的复合短语和未定义词的识别方法，可以高效地提取文本中的分类知识词或短语。

在获取更多的词补充分类知识后，需要确定这些词中哪些是真正的分类知识、哪些是噪声。解决这个问题的技术是特征提取，根据统计方法计算每个词对于分类的作用大小，选择其中分类作用大的词作为分类知识，把不重要甚至无关的特征词去掉。特征提取主要算法是构造一个特征评估函数，先对特征集中的每个特征独立计算评估值，然后对所有特征根据评估值大小进行排序，选取预定数目的最佳特征作为结果的特征子集。常用的特征评估函数有词和类别的互信息量、信息增益、期望交叉熵(CHI)、文本证据权、概率比、词频等。其中期望交叉熵是效果最好的方法。

评估函数只从统计意义上考虑了特征词的词频或文档频率分布情况。没有考虑特征词在具体文档中的实际分布情况，实际上，特征词在具体的文档中所起的分类作用受文档长度、文档中同类特征词个数、其他类特征词个数等多种因素的影响。为了弥补这一缺陷，设计了一种新的基于特征分类贡献度的特征提取方法，改进了特征提取的性能。当获取分类知识后，需要训练分类器来生成分类模板。分类器的功能是根据分类模板，对文档进行类别的判定。效果比较好的分类器有 Bayes、决策树、KNN、SVM 等。

以往的关于分类器的研究往往着眼于如何提高单个分类器的性能。本技术的主要方向是把这些分类器集成到一个系统中，提高系统的整体分类性能。实践证明，这种策略是非常有效的。SVM 分类器和 KNN 分类器都是目前最好的分类器。把两个分类器结合起来构造的多分类器引擎，获取了比以上两个单独的分类器更好的分类性能。

2. 规则分类技术

规则分类技术是一种使用预定义规则来对数据进行分类的方法。这些规则通常由"IF…THEN…"的逻辑结构组成，其中"IF"部分包含一系列的条件，而"THEN"部分则指定了当这些条件满足时应采取的行动或分类结果。在这种技术中，规则的设计是关键，它们必须能够准确地反映数据的特征与其类别之间的关系，用户可以根据实际需求随机增删规则，以满足个性化的需求。

规则中常用的逻辑运算符包括与（＊）、或（＋）、非（－）、异或（^）等，其中：与（＊）表示多个条件同时满足时，规则才会被触发；或（＋）表示多个条件中有一个满足时，规则就会被触发；非（－）用于对条件进行否定，即指定的条件必须为假时，规则才会被触发；异或（^）表示两个条件中只有一个为真时，规则才会被触发。例：规则（（作者＝（李四＋王某））－（正文＝外汇））或（（标题＝世界杯）＊（正文＝（汉城＋中国队））），可筛选出作者包括"李四"或"王某"且正文中不包括"外汇"的文章，以及标题包括"世界杯"且正文中包括"汉城"或"中国队"的文章，即实现了根据作者、标题、正文等信息直接进行分类。

通过统计算法，学习文本特征与类别之间的关联，精确地处理分类文本、规则、类别，可以提高基于规则的分类技术效率。

为了结合自动化分类和规则分类两种技术的优势，将基于内容的自动化分类和基于规则的自动化分类融为一体，将两种形式的分类知识组织到一个分类体系下，以提高系统的效率。

（二）文本聚类的技术

系统采用的聚类方法是 K-means 方法。该方法是最常用的聚类方法，聚类效果不错、速度也很快。文档相似度计算方法采用向量空间模型，文本特征选择词语和 n-gram 等多种特征，以提高聚类性能。系统支持多层聚类，并自动生成每个类别的多个主题词。自动聚类准确率达到 75% 以上，满足大多数应用的实际要求。聚类速度：100 篇文档 1 秒；1 万篇文档 5 分钟。

二、通用知识体系抽取技术

（一）关键词抽取技术

关键词抽取就是从文本里面把与这篇文档意义最相关的一些词抽取出来。关键词就是最能够反映出文本主题或者意思的词语。关键词自动标引的任务需要解决两个主要问题：

（1）如何从标准文档中提取出哪些词语作为关键词候选项？这一问题的基础是词语抽取。常用的一种方法是先用词表法切出词语，检索时无须对字串的字间关系进行组配，检索速度快，但存在构造困难、更新滞后等不足；而且词表词条的数量和质量直接影响到标引质量，影响检索结果。另外一种方法是基于统计的无词表抽词法，或者切分后重新捆绑碎片，这当中的词语组配与冗余过滤非常重要。

（2）怎样判断候选项是否为关键词，其依据是什么？确定关键词，主要采用词语权重（term weight）计算。首先对抽取的词语在文中的词频、词语的相对词频、词语的反文献频率因子、词语在文中的位置、词性、词语本身的价值、词语的长度等进行分析，并引入某些统计方法，如互信息、TF-IDF、最大熵等，其次对词语相应加权，最后按权重大小排序，并输出权值较大的一些标引词语。

本技术采用了规则与统计相结合的关键词自动标引方法，在使用领域关键词的同时使用统计方法自动识别关键词，从而更全面地抽取关键词。

（二）同义词抽取技术

对于同义词自动识别的研究，按采用的技术路线来划分，主要可分为基于字面相似度、基于语义词典、基于大规模语料库的词汇同现关系、基于检索日志等。为了提升同义词识别的效果，本项目采用多种方法相结合。如果两个词位中，一个词位是另一个词位的次类，那么就说它们之间存在上下位关系或层次关系。如 car(小汽车) 和 vehicle(交通工具) 间的关系就是一种上下位关系。上下位关系是不对称的，我们把特定性较强的词位称为概括性较强的词位的下位词，把概括性较强的词位称为特定性较强的词位的上位词。因此，我们可以说，car 是 vehicle 的下位词，而 vehicle 是 car 的上位词。

三、专用知识体系抽取技术

（一）标准知识本体抽取技术

1. 按语法抽取

针对标准文献题目和适用范围部分的文本，抽取其中的名词性短语。抽取过滤时考虑了名词间的并列和修饰关系，以及形容词对于名词的修饰关系。保证过滤到的部分是一个较为完整的本体短语。

按照语法过滤时，需要分析段落的语法结构，标注段落中的语法成分及其之间的关系，在这里使用了 HanLP 作为语法分析器，如图 2-4 所示。HanLP 是一系列模型与算法组成的 NLP 工具包，由大快搜索主导并完全开源，目标是普及 NLP 在生产环境中的应用。HanLP 具备功能完善、性能高效、架构清晰、语料时新、可自定义的特点。

```
private Set<String> targetFilter(String str) {
    List<String> target_list = new ArrayList<>();
    for (String s : SplitUtil.splitStr(str)) {
        Sentence sentence = this.segmenter.analyze(s);
        String last_word = "";
        String lastWordLabel = "w";
        String combo_word = "";
        for (IWord iWord : sentence.wordList) {
            String w = iWord.getValue();
            String flag = iWord.getLabel().toLowerCase();
            int length = target_list.size();
            if ("c".equals(lastWordLabel)){
                w = combo_word + "_" + w;
                combo_word = "";
            }
            if("c".equals(flag))
                combo_word = last_word;
            else if (flag.contains("n")) {
                if ("n".equals(lastWordLabel)){
                    w = last_word + w;
                    target_list.set(length - 1, w);
                } else
                    target_list.add(w);
                flag = "n";
            }
            last_word = w;
            lastWordLabel = flag;
        }

        Set<String> t_set = new HashSet<>(target_list.size());
        for (String target : target_list) {
            for (String t : target.split(regex: "_")) {
                t = StringUtils.strip(t);
                if (t.length() > 0 && t.length() <= 30 && SplitUtil.hasChinese(t))
                    t_set.add(t);
            }
        }
        return t_set;
    }
```

图 2-4　HanLP 语法分析器

2. 按词性分类器过滤

仅仅按照语法过滤抽取指标，结果并不准确，其中包含很多杂质词汇。需要再通过训练好的词性分类器过滤候选词。抽取的名词性短语经过词性分类器过滤，将分类结果为本体的短语保留，作为抽取结果。在此基础上，采用去停用词技术，如图 2-5 所示，实现以下三项功能：维护停用词表，忽略无意义的本体；忽略英文短语；忽略长度过长的短语。

```
private Set<String> bertFilter(Set<String> words){
  Set<String> selectWords = new HashSet<>(words.size());
  if (words.isEmpty())
    return selectWords;
  ArrayList<String> wordList = new ArrayList<>(words);
  List<Pair<Double, CellType>> classifyResult = bertClassifyService.classifyForEach(wordList);
  for (int i = 0; i < classifyResult.size(); i++){
    Pair<Double, CellType> typePair = classifyResult.get(i);
    if (typePair.getRight().equals(CellType.TI))
      selectWords.add(wordList.get(i));
  }
  return selectWords;
}
```

图 2-5　去停用词技术

（二）标准指标抽取技术

1. 标准中指标抽取模型设计

标准指标知识碎片抽取算法主要包括表格抽取和段落抽取两部分。这两个模块的功能实现依赖一个词性分类器。首先通过表格抽取，可以抽取表格中描述的本体和指标项。其次通过段落抽取可以从适用范围段落抽取标准文献中描述的本体。最后将两部分抽取的结果进行整合，添加到指标库中。

标准指标抽取算法的流程如图 2-6 所示。

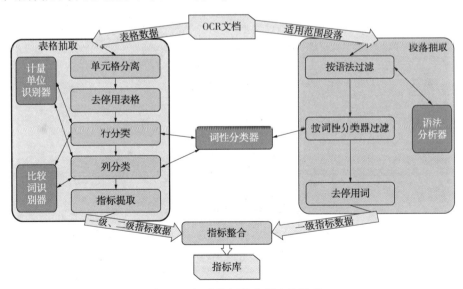

图 2-6　标准指标抽取算法的流程

根据图 2-6 标准指标抽取算法的流程，开展数据训练模型测试，训练数据来自 Oracle 人工标注数据集。限定范围内的数据相对较少，故将表格名称添加到限定范围机构中，扩充数据，使得四种类型的数据数量级一致。数据详情见表 2-5。

表 2-5　Oracle 人工标注数据集

数据类型	本体	指标项	指标值	限定范围
数据数量	1181	1672	2550	365

将四种类型的数据混合，并按照 6∶2∶2 的比例划分为 train、dev、test 三个集合用于训练和测试。分类模型先使用 BERT 模型将文本编码。BERT 模型是 Google 在 2018 年 10 月发布的语言表示模型，在 NLP 领域横扫了 11 项任务的最优结果，可以说是 NLP 中最重要的突破。BERT 模型是通过训练 Masked Language Model 和预测下一句任务得到的。本项目使用中文预训练模型，包含 12 层、768 个隐单元。

接下来，将 BERT 模型输出的 768 维向量传入含有一个隐藏层的全连接网络中，并使用 dropout 策略。输出层有 4 个节点，使用 softmax 函数激活，输出的 4 维向量表示分类结果，即在四个分类下的可能性。训练过程中，使用交叉熵作为分类任务的损失函数，如图 2-7。

```python
def create_model(bert_config, is_training, input_ids, input_mask, segment_i
                 labels, num_labels, use_one_hot_embeddings):
    """Creates a classification model."""
    model = modeling.BertModel(
        config=bert_config,
        is_training=is_training,
        input_ids=input_ids,
        input_mask=input_mask,
        token_type_ids=segment_ids,
        use_one_hot_embeddings=use_one_hot_embeddings)

    output_layer = model.get_pooled_output()

    hidden_size = output_layer.shape[-1].value

    output_weights = tf.get_variable(
        "output_weights", [num_labels, hidden_size],
        initializer=tf.truncated_normal_initializer(stddev=0.02))

    output_bias = tf.get_variable(
        "output_bias", [num_labels], initializer=tf.zeros_initializer())

    with tf.variable_scope("loss"):
        if is_training:
            # I.e., 0.1 dropout
            output_layer = tf.nn.dropout(output_layer, keep_prob=0.9)

        logits = tf.matmul(output_layer, output_weights, transpose_b=True)
        logits = tf.nn.bias_add(logits, output_bias)
        probabilities = tf.nn.softmax(logits, axis=-1)
        log_probs = tf.nn.log_softmax(logits, axis=-1)

        one_hot_labels = tf.one_hot(labels, depth=num_labels, dtype=tf.float32)

        per_example_loss = -tf.reduce_sum(one_hot_labels * log_probs, axis=-1)
        loss = tf.reduce_mean(per_example_loss)

        return (loss, per_example_loss, logits, probabilities)
```

图 2-7　标准指标抽取算法

训练时的参数设置如表2-6所示。

表2-6　参数设置

参数名	参数值	注
train_batch_size	32	
max_seq_length	128	最大序列长度
num_train_epochs	3	
warmup_proportion	0.1	学习率预热比例
learning_rate	5e-5	

最终训练结果，在验证集上可达到95%准确率。

2. 表格中指标抽取技术

通过大量标准文献调研发现，油气管道领域标准中的指标项主要以表格形式出现。因此，重点对标准原文表格中指标内容抽取技术展开研究，标准表格指标抽取过程主要包括以下几个方面：

第一，实现表格单元格分离。将合并单元格的表格分离为 n 个独立的单元格，每个单元格内容与合并前内容相同。如图2-8所示。

(OCR后)　　　　　　　　　　　　(分离后)

项目	指标/(mg/kg)		
项目	pH<6.5	pH6.5~7.5	pH>7.5
总汞<	0.30	0.50	1.0
总铅<	40	30	25
总镉<	250	300	350
总铬<	0~30	0.30	0.60
I、I、I^	150	200	250
滴滴涕<	0.5	0.5	0.5

项目	指标/(mg/kg)	指标/(mg/kg)	指标/(mg/kg)
项目	pH<6.5	pH6.5~7.5	pH>7.5
总汞<	0.30	0.50	1.0
总铅<	40	30	25
总镉<	250	300	350
总铬<	0~30	0.30	0.60
I、I、I^	150	200	250
滴滴涕<	0.5	0.5	0.5

图2-8　单元格分离

第二，生成三元数据结构。为表格中的每个单元格生成如下结构的对象。单元格的某些属性可以根据单元格所在行列属性被赋予不同的值，如图2-9所示。

第三，去停用单元格。将内容与指标抽取无关的单元格忽略。如图2-10所示。

第四，列分类与行分类。分别遍历每一行和每一列，将每行(列)的内容作为一个集合，对集合整体输入分类器做分类，确定行(列)的类型。对相关联的列(行)相对应类型属性赋值。如图2-11、图2-12所示。

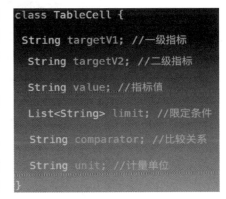

```
class TableCell {
    String targetV1; //一级指标
    String targetV2; //二级指标
    String value; //指标值
    List<String> limit; //限定条件
    String comparator; //比较关系
    String unit; //计量单位
}
```

图2-9　三元数据结构

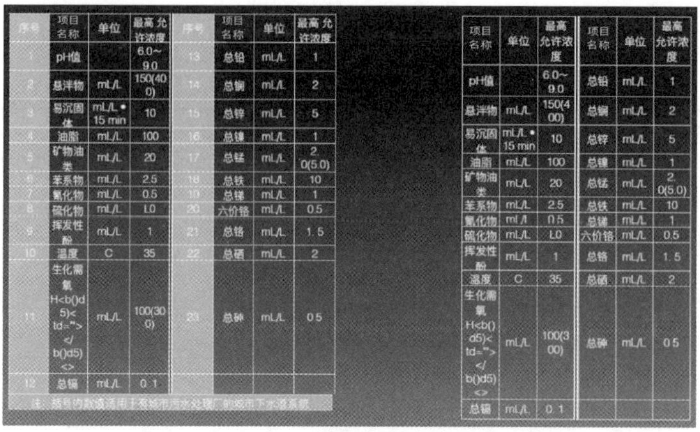

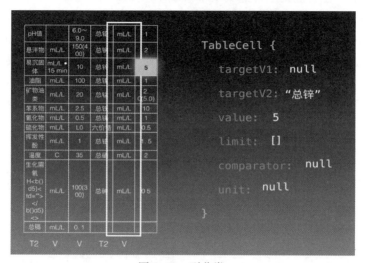

图 2-10　去停用单元格图

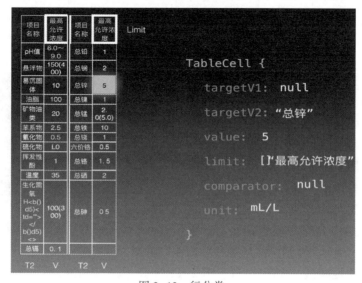

图 2-11　列分类

图 2-12　行分类

在行分类和列分类时，还要充分考虑计量单位和比较词。计量单位和比较词的位置与表格结构也存在明显的相关性。同时将包含计量单位和比较词的短语送入词性分类器中做分类，结果也容易发生波动，导致分类结果是不正确的(原因是词性分类器的训练数据中，未包含计量单位和比较词)。故在行分类和列分类前，要对单元格的内容做计量单位和比较词的识别、抽取和剔除。保证送入词性分类器的数据未包含计量单位和比较词。由于计量单位的表达形式规则性非常强，计量单位识别器的实现基于复杂的正则表达式规则，并考虑了中英文表达的差异性。表达式如图 2-13 所示。

```
String prefix = "(Y|Z|E|P|T|G|吉|M|兆|k|千|h|da|d|分|c|厘|m|毫|μ|微|n|纳|p|皮|f|a|z|y|公)";
String unit = "(m|米|g|克|s|秒|A|安|K|开|开尔文|mol|摩|摩尔|cd|Hz|赫兹|N|牛|Pa|帕|帕斯卡|" +
    "J|焦|焦耳|W|瓦|C|摄氏度|度|V|伏|F|Ω|欧|欧姆|S|Wb|T|H|lm|lx|勒|勒克斯|Bq|Gy|Sv|kat|l|cal|卡路里|卡|" +
    "L|升|吨|斤|天|日|季|年|月|小时|分钟|h|min|公顷|亩|%|‰)";
String power = "(\\^?[+-]?[1-9]\\d*)";
String chinesePower = "(平方|立方|二次方|三次方)";
String unitAndPrefix = "("+ chinesePower + "?" + prefix + "?" + unit + "+" + power + "?" + ")";// + "[1"
String multiplied = unitAndPrefix + "(?:[·*×xX]" + unitAndPrefix + ")*";
String value = "[-+±]?(([0-9]+\\.[0-9]*[1-9][0-9]*)|([0-9]*[1-9][0-9]*\\.[0-9]+)|([0-9]*[1-9][0-9]*))";
unitPattern = Pattern.compile(multiplied + "(?:[/每]" + multiplied + ")?");
valuePattern = Pattern.compile(value);
indicatorPattern = Pattern.compile(value + "( ?" + unitPattern.pattern() +")?");
```

图 2-13　正则表达式

比较词识别器是实现基于自建常见的比较词字典。主要比较词包括：“>”“<”“>=”“<=”“≥”“≤”“小于”“大于”“大于等于”“小于等于”“不大于”“不小于”“不超过”“不少于”“不多于”“不高于”“不低于”等。

(三) 关系数据抽取技术

关系数据抽取是在自动抽取文本中的各种实体关系信息的基础上，挖掘实体之间的关系，从而生成实体关系网。抽取技术主要包括：

(1) 基于规则的抽取技术。利用手工编制规则使系统能处理特定知识领域的信息抽取问题。

(2) 基于统计的抽取技术。通过学习已经标记好的语料库获取规则，经训练后的系统能处理没有见过的新文本。统计方法主要是针对命名实体语料库来训练某个字作为命名实体组成部分的概率值，并用它们来计算某个候选字段作为命名实体的概率，其中概率值大于一定阈值的字段为识别出的命名实体。基于统计的方法有助于突破基于规则的方法中的知识获取瓶颈，又因为使用工具的自动化程度较基于规则的方法要高，使得这种方法越来越受到人们的关注。

(3) 基于统计和规则相结合的抽取技术。基于规则的方法主观性强、可移植性不好，而且歧义是语言的一个固有特点，是基于规则的方法必须面对的问题，此外，规则很难覆盖所有的语言现象，因此在做语言处理时希望机器具有学习能力。人类语言的运用并不纯粹是一个随机过程，单单使用基于统计的方法将使状态搜索空间非常庞大，借助规则知识及早剪枝是一个比较有效的方法。规则与统计相结合的办法，可以通过概率计算减少规则方法的复杂性与盲目性，而且可以降低统计方法对语料库规模的要求。

第五节 标准知识体系的设计与建设

一、知识体系辅助系统设计

（一）油气管道领域标准知识体系组织系统逻辑模型设计

面向油气管道领域创新性开展标准知识体系组织系统逻辑模型研究，该逻辑模型在涵盖传统检索途径的基础上，提出了利用标准化的科研成果扩充标准体系与标准引用关系的检索途径。同时，该逻辑模型通过抽象油气管道标准技术指标表现形式，建立以两级揭示指标作为标准技术指标描述主轴的标准内容指标检索方案。通过对标准技术内容的主题内容试验标引，打破了传统标引技术在油气管道标准指标内容系统表达潜藏在标准文献体系中的技术规范与技术指标的内在限制。总之，项目团队结合对本体技术相关文献的研究，基于结构化、非结构化等标准化数据，对油气管道领域标准知识展开研究，最终确定了以多重本体分类为主要组织方法，以标准知识抽取和知识图谱构建为技术路线，以技术规范属性描述为细分手段，以后组配检索为技术特征，以两级揭示指标为检索途径，以标准内在引用体系和标准体系表为辅助工具，以文献保障为加工服务基础的标准知识展示与检索体系。

（二）油气管道领域标准知识体系组织系统嵌入本体确定

研究油气管道领域标准知识本体技术在标准内容解释信息组织与检索过程中的应用方案，在建立标准题录与全文数据库的基础上，以专业油气管道领域标准文献内容与指标体系分析为基础，结合油气管道领域学科分类体系和本体技术开发规律，研究和确定与揭示词表协调一致的油气管道领域的本体构建方案与专业本体类表。在研究的过程中，为了确保油气管道领域标准知识本体概念在检索中发挥有效作用，本项目采用了专业分类依据与标准规范分类依据相互结合的研究方法，在编制油气管道领域标准知识本体分类表时尤其要注意已经存在的标准技术指标对事物的归纳和概括方法，只要油气管道领域标准中出现了相应概念，就必须补充到相应的体系中，以便用户将来可以在检索具体油气管道领域标准时能将其上位概念的要求也检索出来。在分析标准技术规范与技术指标特征的基础上，设计了后组式的本体类表与属性关系描述模型，通过标准体例分析，提炼出符合标准特征的概念属性表作为本体概念属性描述与检索手段。根据上述本体构建方法和流程，本项目在全国率先创新性地构建了油气管道领域标准知识本体，并据此编制了相关发明专利，如表2-7所示。

表2-7 油气管道领域标准知识本体构建

标准号	发布日期	实施日期	标准类别	中国标准分类号	国际标准分类号	归口单位
标准化对象	体例（多级）	指标项	指标值	单位	限定类（多级）	

（三）油气管道领域标准知识体系组织系统中叙词表开发

针对油气管道领域标准知识本体编制知识体系叙词表，对科学知识体系、标准目录、标准化对象、标准化产品、标准信息数据库、国家标准术语体系、技术标准与管理标准体系进行分析归纳，通过对各类标准内容的试验标引，不断深化和逐步改进研究，最终确立了以文献技术内容为依据，以本体类目为基础，以标准中实际发生的技术概念为基本元素，以现行有效标准为维护手段的标准知识体系组织词表应用原则，建立符合与适应标准文献内容揭示与检索的、便于使用与维护的、以现行有效文献为基础的、活动的标准知识体系叙词表。

（四）油气管道领域标准知识体系组织系统抽取技术应用

根据上述油气管道领域标准三元数据结构，油气管道领域标准知识体系组织系统对标准知识抽取主要包括命名实体（本体）识别和关系抽取两部分内容。一方面，油气管道领域标准实体识别是获取实体的手段，关键环节就是模型训练的过程，要选择合适的模型才能完成任务，序列数据则是模型训练的数据来源，这样就可以完成全部的标注任务，进而实现实体识别的任务。另一方面，油气管道领域标准实体关系是命名实体识别的下一步任务，实体关系抽取通常用关系分类作为简称，其任务的核心是获取关系，得到<实体、属性、实体>形式的三元组。本系统使用机器学习和深度学习进行命名实体与关系识别。

在使用深度学习的方法进行油气管道领域标准实体关系抽取任务时，首先采用 RNN 模型对文字相关的内容进行处理，但当出现长句子或句子中实体相隔很远的情况，会超过 RNN 的处理极限，导致梯度爆炸或者消失，虽然采用 LSTM 和 BiLSTM 的方法可以有效解决 RNN 的问题，但本项目关系抽取任务之所以采用 GRU 模型，而不是 LSTM，是因为相比于 LSTM，GRU 结构和计算过程更简单、参数也少，因此收敛速度比 LSTM 更快，关系抽取处理的数据为句子级语料。鉴于此，创新性地采用 BERT-BiGRU-Attention 模型来开展油气管道领域标准关系抽取工作，并据此编制了相关发明专利（图2-14）。整个模型分为以下四个部分。

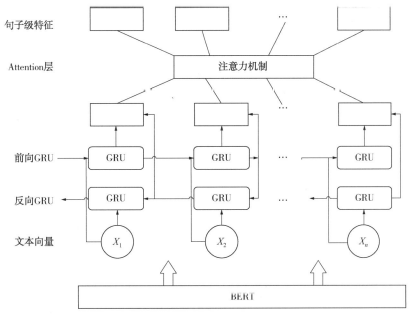

图 2-14 基于深度学习的油气管道环保领域标准实体关系抽取框架

（1）预训练层：采用的是 BERT 模型，此模型的作用是获取文本特征，将油气管道领域标准文本用词向量的方式进行表示。BERT 是计算语言序列 W 出现概率 P 的方法，如式（2-1）所示。

$$P(s)=P(W_1,\ W_2,\ \cdots,\ W_n) \tag{2-1}$$

传统的语言模型是静止状态，对于油气管道领域标准前后文中的多义性的获取效果很差，使用 BERT 预训练模型可以解决这个问题，获得更好的特征提取效果。在 BERT 中，对于字符采用三个不同的词向量进行表示，分别是 Token Embeddings、Segment Embeddings 和 Position Embeddings。其中，Token Embeddings 用于处理词向量的相关任务，包括对后续工作的分类任务；Segment Embeddings 用于句子间的数据处理，所做的分类任务是在句子级数据的基础上，简单地说就是完成区分两个句子是否相同；Position Embeddings 用于记录序列位置向量。此外引入二分类模型，可以对句子级的数据集进行训练、预测后得到句子之间的关系。

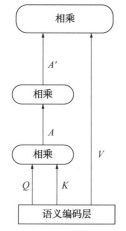

图 2-15　油气管道领域标准知识抽取的自注意力机制结构

BERT 预训练模型之所以被用于油气管道领域标准，是因为它超越了大多数之前的预训练模型，与使用 Transformer 特征抽取器分不开，Transformer 的优点就是使用了自注意力机制模块。自注意力机制的结构如图 2-15 所示，自注意力模型经常采用查询–键–值（Query–Key–Value，QKV）模型，自注意力机制中 Q、K、V 的来源是同一个输入。给定输入矩阵 I，经过不同的矩阵变换得到矩阵 Q、K、V。首先，通过查询矩阵 Q 与键矩阵 K 的转置相乘计算其相似度，得到相关性矩阵 A。其次，通过 softmax 操作将相关性矩阵 A 归一化得到 A'。最后，将归一化相关性矩阵 A' 乘以矩阵 V 得到自注意力层的结果。自注意力机制的计算如式（2-2）所示。

$$f_{att}(Q,\ K,\ V)=\mathrm{softmax}\left(\frac{QK^T}{\sqrt{d_k}}\right)V \tag{2-2}$$

其中，$Q\in R^{n*d_k}$，$K\in R^{n*d_k}$，$V\in R^{n*d_v}$，T 表示矩阵的转置运算，除以 $\sqrt{d_k}$ 以防止内积结果过大。自注意力机制实质上就是通过矩阵运算将一个 $n*d_k$ 的矩阵考虑全局信息后重新编码成 $n*d_v$ 的矩阵。自注意力机制为不同的词汇级特征分配不同的权重，同时考虑了词语的全局信息和依赖关系，从而得到词汇特征 $C'\in R^{n*m}$。

（2）神经网络层：采用 GRU 模型目的主要是对上一步输入的词向量进一步分析，得到更深层次油气管道领域标准特征。正如前文所述，LSTM 避免了梯度消失和梯度爆炸的问题，但是缺点还是存在的，训练时间偏长，模型中的参数相对更多，所以会有大量难度大的计算过程。与 LSTM 模型相比，GRU 模型对模型的内部进行了简化，优化了性能，参数少、收敛效果好。GRU 模型主要由更新门和重置门组成。GRU 模型神经元结构如图 2-16 所示。

鉴于上述分析，神经网络层的主要内容是 BiGRU 模型，所以对 BiGRU 模型进行研究。在神经网络中神经网络模型都是单方向的，也就是只能完成从前向后的数据处理，或者是相反的从后向前的数据处理，在整个过程中无法改变内部的方向，LSTM 和 GRU 都符合这一特点。但是在油气管道领域标准文本中对关系进行抽取过程时，上下文的关系是无法忽略的，因为上下文中的相关关系对于提取文本中更多、更深层次的语义特征非常有用。GRU 模型受限于自身结构，无法完成双向的任务，所以需要 BiGRU 模型完成正、反两个方向的油气管道领域标准数据处理。面向油气管道领域标准知识抽取的 BiGRU 模型包含两个 GRU 模型，包含正、反两个方向，BiGRU 模型内部的状态受这两个方向的 GRU 模型共同影响。内部的模型方向虽然相反，但工作时相互协作，如图 2-17 所示。

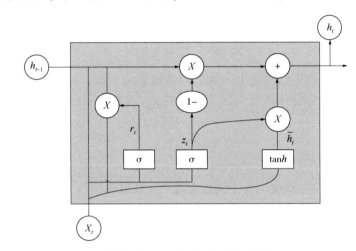

图 2-16　GRU 模型神经元结构

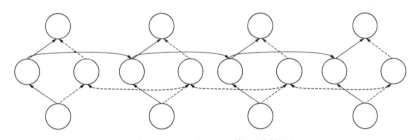

图 2-17　双向 GRU 模型结构图

BiGRU 当前的隐层状态由三部分共同决定，分别是当前时刻的输入向量 $\overrightarrow{h_t}$，上一时刻的前向输出向量 $\overrightarrow{h_{t-1}}$，反向隐层状态输出向量 $\overleftarrow{h_{t-1}}$。BiGRU 模型的双向结构，在 t 时刻的隐层状态可以通过前向隐层状态 $\overrightarrow{h_t}$ 和反向隐层状态 $\overleftarrow{h_t}$ 加权求和得到，计算过程如下。

$$\overrightarrow{h_t} = GRU(x_t, \overrightarrow{h_{t-1}}) \tag{2-3}$$

$$\overleftarrow{h_t} = GRU(x_t, \overleftarrow{h_{t-1}}) \tag{2-4}$$

$$h_t = w_t\overrightarrow{h_t} + v_t\overleftarrow{h_t} + b_t \tag{2-5}$$

其中，GRU( ) 函数的作用范围针对的是 X_t，进行非线性转换，最终将词向量经过编码阶段调整为隐层状态；w_t、v_t 代表 BiGRU 模型中的两个权重；t 代表所处的时刻；w_t 对应 GRU 模型的前向隐层状态所对应的权重；v_t 对应 GRU 模型的反向隐层状态所对应的权重；b_t 可表示为在 t 时刻 BiGRU 模型的隐层状态对应的偏置向量。

（3）注意力（Attention）层：在油气管道领域标准数据中，为了提高在此专业领域获取的三元组质量，引入注意力机制对专业领域相关的特征向量进行更多的关注，将重点内容标记出来，也就是修改相应权重的过程。注意力层对神经网络层的深层特征根据重要程度进行权重的分配，注意力机制是对重要内容的强调，让这些被格外关注的油气管道领域标准数据内容更容易被获取，训练模型也会对这部分内容给予更多的关注，提取的信息也与强调的内容关系更为紧密，以此完成了在海量的数据集中获取关键信息的任务。

通过 Attention 层的处理，对 α_t 注意力分布进行加权，获得输出向量 S_t，计算过程如下。

$$S_t = \sum_{i=1}^{n} \alpha_t h_t \tag{2-6}$$

其中，h_t 为上层 BiGRU 层的输出向量，α_t 为注意力分布，α_t 通过对 u_t 进行 softmax( ) 得到归一化函数，α_t 和 u_t 的计算公式如下，其中 W_w 用来表示权重系数，b_w 用来表示偏置系数。

$$\alpha_t = \mathrm{softmax}(u_t) \tag{2-7}$$

$$u_t = \tanh(W_w h_t + b_w) \tag{2-8}$$

（4）模型验证与数据抽取层：为了验证上述关系抽取模型的可行性，进行了相关数据训练试验，试验数据来源于人工标注的油气管道标准领域多源数据，以这些训练数据开展机器学习和神经网络技术验证，实现了对油气管道领域标准实体关系机器标注和抽取，最终共抽取了 19700 条标准实体关系数据。油气管道领域标准实体关系抽取技术实现效果如下：

① 油气管道领域标准资源导入技术实现效果。单击"数据资源管理"菜单，右侧展示出资源管理界面。单击"资源导入"按钮，跳出资源导入界面。选择文种、语种、功能种类，单击"浏览"按钮，选择批量导入标准题录文件（excel 文件），单击"下一步"进行导入。同时也具备批次导入信息的功能。点击"批次号"，可浏览本批次中详细信息。

② 油气管道领域标准结构化技术实现效果。单击"一条标准的结构化"按钮，系统将进行自动结构化。单击"一条标准的上传文件或者下载文件"按钮进行上传或者下载文件。图 2-18 是基于机器学习和神经网络技术研发的标准知识抽取和加工技术的实现效果。

图 2-18　标准知识抽取和加工技术界面

第一，标准化对象抽取。在标准知识抽取和加工系统界面中选中左侧任务栏的"标准化对象"，自动标注和抽取右侧工作栏标准化对象中的内容。

第二，油气管道领域的标准知识抽取。指标加工人员通过阅读标准 PDF 文本，判断该油气管道标准是否具有油气管道领域相关指标。点击左侧任务栏的"体例"，选中章节，能直接将结构化文件中的指标项、范围、指标值、限定类、解释内容等指标内容抽取出来。

第三，针对油气管道标准表格内容自动抽取。除了单个指标加工的半自动化方法，还可以完成指标的表格自动加工。点击结构化文件中的"表格加工"按钮，通过调整表格中的"固定行""固定列"，点击"指标抽取"，自动化提取表格中的所有标准知识。

（五）油气管道标准多模态数据存储及其知识库构建

通过对油气管道领域标准分析研究与实际测试，提出了面向油气管道领域标准多模态数据存储，以 txt 格式与 mht 格式、图形形式相互结合的非结构化存储方案，解决了油气管道领域标准文字与数据存储、特殊符号与公式存储、表格与图形存储、特殊计量单位符号的存储等不同的数据存储形式，同时为了解决 mht 格式中数据的检索，增加了相应的 txt 格式数据字段，使得系统可以在实现精确的体系检索的基础上能做到全文检索，如图 2-19 所示。

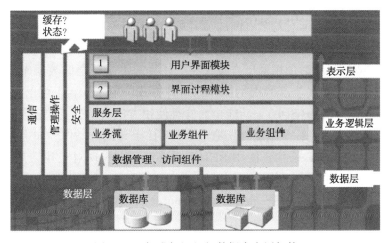

图 2-19 标准知识组织数据库底层架构

在建立油气管道领域标准文献知识数据库的整个过程中，对同一揭示主体的标准文献进行收集整理，根据"全业务覆盖、全生命周期"的原则，按照"统一套路、统一模板"的思路，研究提炼技术标准类型，构建环保安全标准体系框架，梳理环保安全业务所需的全部技术标准，构建油气管道标准知识库。因此，采取了逐个专业标准的建库方法：环保安全标准全义的收集—全文电子化—OCR—标准的归类与体例分析—本体类的编制—技术指标揭示标引—对本体类的补充与修改—对体例元数据的修改—主题对象数据库的建设与标引分类—扩充专业领域，通过这样一种迭代循序渐进的工作方式进行标准数据库的建设。尤其所设计的本体分类必须符合标准中实际发生的分类概念与属分关系，因此本体类的修改贯穿标引的全过程。油气管道领域标准知识库构建所采取的主要工作步骤基本如图 2-20 所示。

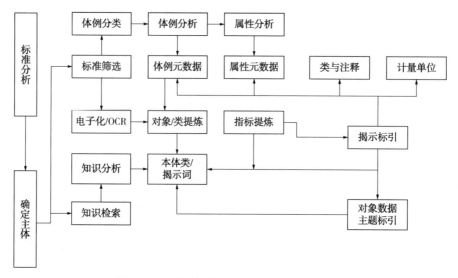

图 2-20　油气管道领域标准知识库构建过程

Mysql 是用来查询和存储油气管道标准知识节点和关系的一种图表数据库。数据库中的节点可以是实体、指标项、指标值等，当然还有节点和节点关系，比如二氧化硫–排放限值、污染物–排放浓度等。通过对节点间的关系进行连接，形成错综复杂的关系网络，强化实体之间的联系。

Mysql 在完成查询过程时使用遍历查找算法，该算法不是对全局数据库进行检索，而是通过局部重要节点及其相关节点的查询操作，这种方式决定了 Mysql 可以高效查询。Mysql 的搜索和更新语言是 Cypher(SQL)，功能全面并且使用方法简单，可快速熟练掌握。Cypher 语句一般需要查找指定节点，了解属性，通过 MATCH 子句进行操作。如果需要新建关系和节点数据，则需要 CREATE 语句，使用 RETURN 语句可以实现对查找结果的获取。例如，现在创建一个节点，这个节点叫作"二氧化硫"，实现过程是 CREATE(n：entity{name：二氧化硫})。查找并返回结果的过程是"MATCH(n：entity{name："二氧化硫"})RETURN n"，此节点就会在可视化窗口中显示。

二、知识体系辅助系统建设

(一) 智能服务平台的建设原则

1. 先进性与成熟性

油气管道领域标准知识图谱的智能服务平台建设和运行是一个长期的过程，在程序设计时必须充分考虑技术的先进性，保证发挥效用的最大化，而且在较长的时间内所采用的技术不会过时。同时为保障小程序运行的稳定性，尽量使用成熟的、经得住考验的技术，保障系统的稳定和可靠。

2. 开放易用性

油气管道领域标准知识图谱的智能服务平台用户是多种类型的，如胜利油气管道管理层、科研工作人员、油气管道生产人员、市场人员等，他们中大多数人不是 IT 人员。为了保证广大用户能够方便地获取和使用所需的科研资源，作为一个服务类系统，在建设时就必须充分地考虑易用性。一方面，系统的用户界面应当简单、易用，并与当前主流系统在使用习惯上保持一致；另一方面，不仅需要提供充分的个性化服务，允许不同类别的用户根据自己的需求定制自己的界面和所需的信息，而且能够通过对用户使用情况进行分析，主动提供或推荐相应的服务。

3. 可伸缩性

油气管道领域标准知识图谱的智能服务平台所整合的标准文献资源都是随着时间而逐步增加的，其用户量更是如此。面对用户的不同需求，以及用户需求的变更，网站的性能应当始终保持在一个良好的水平之上。因此，系统体系结构的设计必须重视和考虑可伸缩性的问题，确保在资源规模扩大和使用人数增加的情况下，能够通过使用负载均衡和集群等手段，保持程序的性能。

4. 可维护性

油气管道领域标准知识图谱的智能服务平台需要在一个相当长的时期内为广大用户提供服务，其功能也将不断地进行调整和丰富。因此，系统体系结构的设计不仅需要考虑智能服务平台建设当前的需要，而且必须充分地考虑未来发展的需要和技术进步的因素，使网站系统具有良好的可扩展性和可维护性，既能够方便地调整现有功能和增加新的功能，又可以方便地集成新的技术，不断地改进服务种类、方式和质量，使标准文献、信息、专家等各类资源得到充分利用。

5. 可管理性

油气管道领域标准知识图谱的智能服务平台应当考虑为系统管理人员提供对其进行监测、评估和管理的手段。一方面，使他们能够方便地了解系统的运行状态和变化趋势，及时地对系统内资源进行管理维护；另一方面，也可以使他们掌握不同用户对系统内资源的使用情况，以及各种不同的需求，从而能够有针对性地改进服务提供方式，并提升服务质量。此外，还可以为国家相关管理部门提供有关标准化资源的管理和使用情况，为管理部门的决策提供依据。

6. 高性能

油气管道领域标准知识图谱的智能服务平台在统计分析、关联关系分析上采用了性能优化技术，使得分析过程耗费的时间较短，一般分析方法要求 3 秒内返回结果，复杂方法可适当延长返回结果的时间。在多用户并发访问时，具有动态可扩展能力，保证用户访问的高性能。

7. 安全性

油气管道领域标准知识图谱的智能服务平台系统在正常情况下运行稳定、可靠并具有良好的容错机制。在非正常情况下平台系统具有一定的鲁棒性，保证系统事务及数据的完整。同时，该系统具有完整的数据备份和恢复功能。

（二）智能服务平台的建设思路

在数据库与文件存储中对国内标准、内部规章、技术法规等数据进行保存，通过多源异构数据集成的方式在数据管理系统中建成标准题录数据库，之后对标准数据进行内容识别，构建标准知识图谱，标准知识图谱中具有标准化对象、指标、限定类、体例等内容，最终在

PC 端上提供题录检索、全文检索、指标展示等服务，如图 2-21 所示。

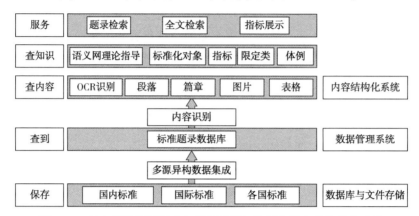

图 2-21　油气管道领域标准知识图谱的智能服务平台整体技术路线

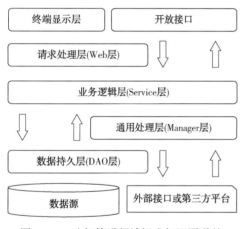

图 2-22　油气管道领域标准知识图谱的
智能服务平台总体设计

（三）智能服务平台的整体架构

1. 智能服务平台总体设计

油气管道领域标准知识图谱的智能服务平台总体设计如图 2-22 所示。

1）数据源

在系统的整体架构图中，位于最底端的是原始数据库以及全文检索 Solr 服务器，存储了大量文献标准的原始数据，具体包括标准文献题录及摘要等。最底层的原始数据库拥有大量的文献数据，如果直接对原始数据库层进行操作，不仅存在潜在的风险，有可能导致数据丢失、重要数据被修改或者被覆盖等情况，而且对于数量巨大的异构数据表，在原始数据库层也无法提供快速高效的统一统计分析方式。因此，需要对原始数据库服务器进行一个统一的处理，即通过统一的数据接口，将数据存储在统一数据存储层，既规避了潜在的数据风险，又使得后续的分析和处理更加便捷。

2）数据持久层

数据持久层，与底层 Mysql 数据库进行数据交互。

3）业务逻辑层

相对具体的业务逻辑层，如起草单位统计分析服务、排名服务、区域分析服务、文本分析服务、类别分析服务、搜索服务等。

4）请求处理层

主要是对访问控制进行转发、各类基本参数校验，或者不复用的业务简单处理等。

5）终端显示层

在各层系统的基础上，不同级别的用户通过用户界面就可以与系统进行交互，用户可以使用基础的应用层服务，如搜索服务、数据管理服务等；也可以使用高阶的服务层功能，如时间数据的统计分析、关联分析与推荐、可视化展示等。

2. 智能服务平台系统集成

油气管道领域标准知识图谱的智能服务平台集成了 Spring Boot、Shiro、Thymeleaf 等系统功能，能够保障智能服务系统安全、平稳、高效运行。

Spring Boot：Spring Boot 是一款开箱即用框架，提供各种默认配置来简化项目配置。使 Spring 应用变得更轻量化、入门更快。在主程序执行 main 函数就可以运行，也可以打包应用为 jar 并通过使用 Java-jar 来运行 Web 应用。它遵循"约定优先于配置"的原则，使用 Spring Boot 只需很少的配置，大多数时候直接使用默认的配置即可。同时可以与 Spring Cloud 的微服务无缝结合。

Shiro 安全控制：Apache Shiro 是 Java 的一个安全框架。利用 Shiro 可以完成平台认证、授权、加密、会话管理、与 Web 集成、缓存等。其不仅可以用在 Java SE 环境，也可以用在 Java EE 环境。

Thymeleaf 模板：Thymeleaf 是一个用于 Web 和独立 Java 环境的模板引擎，能够处理 HTML、XML、JavaScript、CSS，甚至纯文本。能轻易与 Spring MVC 等 Web 框架进行集成，作为 Web 应用的模板引擎。与其他模板引擎（比如 FreeMaker）相比，Thymeleaf 最大的特点是能够直接在浏览器中打开并正确显示模板页面，而不需要启动整个 Web 应用（更加方便前后端分离，比如方便类似 VUE 前端设计页面）。Thymeleaf 3.0 是一个彻底重构的模板引擎，极大地减少了内存占用和提升了性能及并发性，避免 2.1 版因大量的输出标记集合产生的资源占用。Thymeleaf 3.0 放弃了大多数面向 DOM 的处理机制，变成了一个基于事件的模板处理器，它通过处理模板标记或文本并立即生成其输出，甚至在新事件之前响应模板解析器/缓存事件。Thymeleaf 是 Spring Boot 官方推荐的使用模板。

3. 智能服务平台服务实现

智能服务平台包括网站首页、标准检索、后端管理等功能模块。

1) 网站首页

网站首页是平台的门户，主要提供了其他模块的访问入口，包括智搜、高级检索、专题专栏、标准指标、关于我们等部分。其中智搜包括全库搜索与法律法规两项功能，通过全库搜索，可以实现全部资源的信息检索，法律法规可以提供精准的法律条文资源检索功能；在高级检索中可以实现更加精确的条件搜索；在专题专栏、标准指标等功能中可以深入挖掘所需信息；在关于我们中，展示了平台的背景信息、服务宗旨、联系方式等内容。

2) 标准检索

标准的全文检索可分为专题库检索和全库检索两种形式。用户通过在检索框中输入标准号或关键词来搜索需要的信息。这种检索方法能够提供不同的提示，满足不同用户的需求，包括但不限于标准号提示和关键词提示。根据用户的具体需求，关键词提示还可以根据分类进行选择，以确保标准的准确检索。

以下为全文检索的实例：在输入框内输入"GB"，点击"搜索"，即进入标准列表页面，在检索列表中，系统自动对用户检索的相关标准进行分类展示，根据自己的检索条件点击

"检索"按钮即可进入标准检索列表页面，此页面可分条展示符合需求的标准，且可以进行二次检索和标准筛选排序等操作。在标准检索列表页面用户可选择符合自己需求的标准进行更深层次的了解，选择符合需求的标准点击即可进入标准的详情页，用户在标准详情页可直观地看到标准信息、前言、关联标准以及和该标准相关的其他标准，包括同一国际标准分类下的其他标准、统一起草单位下的其他标准等。网页右上角设置"购物车"和"预览"按钮，用户可根据不同的需求进行选择，点击任意蓝色字体的文字可以跳转到与其有关的标准列表页面。

标准的高级检索可以对"标准状态""关键词""标准号""国际标准分类""中国标准分类""采用关系""标准品种""年代号"八个筛选项进行筛选。点击"检索"即可进行更精确的检索。选择中国标准分类001，点击"确认"，展示001分类下的所有标准。

3）后端管理

系统管理员登录平台系统后端后，可以在系统后端页面进行标准检索、数据管理和分析、数据采集、系统管理、系统配置等相关操作。重点介绍后端管理中的角色管理和用户管理两个模块的内容。系统管理员可以在后端页面对角色、用户的权限进行配置管理。系统管理员可以在后端设置不同的角色，例如"一般用户""一般管理员""管理员"等，不同的用户具有不同的功能权限，系统管理员可以在后端编辑、新增、删除用户，并针对不同的用户赋予不同的功能权限。

第三章

油气管道标准机器可读技术及应用

第一节　概　　述

标准机器可读技术旨在将传统标准文档转换为机器可直接读取与理解的格式，为自动化处理和分析奠定基石。此技术不仅是标准数字化转型的关键环节，更是推动标准化工作向数字化、网络化、智能化转型的重要力量。标准机器可读技术与其他多种技术存在紧密的协同关系，并在标准数字化技术体系中占据举足轻重的地位。例如，在开发智能工具和平台时，机器可读的标准可支持复杂的操作，如自动检索、内容重组、数据分析等，极大地提升了工作效率。在构建标准知识图谱的过程中，结合 NLP 技术，基于标准机器可读技术从文档中提取需求定义信息，构建标准知识本体，将标准内容转化为知识单元，形成网络结构，从而支持更为深入的语义分析和知识发现。

在实施标准机器可读化的过程中，需要厘清标准整体的结构特征，将标准文本格式转化为机器可读的文档格式，如采用 XML、HTML、JSON 等结构化语言对标准文档进行重构，以实现内容的结构化。这是实现机器可读化的基础，通过为标准文档定义一套结构化标签集，用于标记文档中的不同元素，如章节、术语、图表、公式等，使得机器能够轻松识别并处理这些信息。在结构化的基础上，可通过加入技术指标标签集和扩展标签集进一步丰富标准的语义信息，确保机器能够深入理解油气管道领域标准内容的含义。

第二节　标准机器可读技术原理

一、标准结构分析

标准机器可读的实现需要将标准文本内容进行碎片化、结构化处理，使得机器可以更加准确、快速定位、抽取标准的关键信息。标准编写过程中产生的标准结构特征决定着标准形成机器可读转化文件的结构特征。因此，实现标准文本的机器可读需要对标准文本的结构特征进行分析，厘清标准文本内容各个章节、标题内容以及各种类型的正文内容的层次和结构特征，并基于标准文本结构的分布规律，确定标准机器可读转化方案，以实现标准文本的机器可读转化。

标准文本中包含封面、目录、前言、引言、正文、附录六大部分[图 3-1(a，b)]，标准正文包括规范性引用文件、术语和定义、不同级别的无标题和条标题内容、字母数字编号内容、图表公式内容等，为确保标准内容撰写的规范性，每个部分中的文本内容都有自己的结构特征，如字体类型、字体大小、行间距和文本样式。以标准正文内容为例，标准各部分文本的结构特征如表3-1所示，各部分文本内容的字体类型均包括宋体和黑体，字体大小、行间距无任何差别，然而，各部分文本内容均有各自的文本样式，如章标题、术语内容、各级条标题的字体类型均为黑体，字体大小均为五号，行间距均为单倍行距，但它们的文本样式却完全不同。表明文本样式为各部分标准文本内容中独有的特征，有利于机器基于该特征准确识别、定位标准文本的类型及具体内容。因此，可对不同层次的标准标题及正文内容设置不同级别的样式，使得机器可以准确、快速定位相应的标准关键内容，并对该内容进行处理。

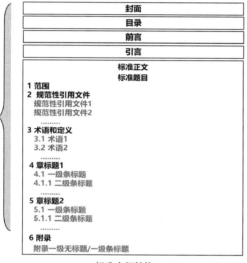

（a）标准大纲结构　　　　　　　　　　　（b）标准正文中其他结构

图3-1　标准结构框架

表3-1　标准各部分文本结构特征

文本内容类型	字体类型	字体大小	行间距	文本样式
章标题	黑体	五号	单倍行距	标准文件_章标题
术语内容	黑体	五号	单倍行距	标准文件_术语
标准正文内容(对术语的定义)	宋体	五号	单倍行距	标准文件_段
(一、二、三、四……)级条标题	黑体	五号	单倍行距	标准文件_(一、二、三、四……)级条标题
(一、二、三、四……)级无标题	宋体	五号	单倍行距	标准文件_(一、二、三、四……)级无标题
附录(一、二、三、四……)级条标题	宋体	五号	单倍行距	标准文件_附录(一、二、三、四……)级条标题
附录(一、二、三、四……)级无标题	宋体	五号	单倍行距	标准文件_附录(一、二、三、四……)级无标题
字母编号	宋体	五号	单倍行距	标准文件_字母编号列项(一级)
数字编号	宋体	五号	单倍行距	标准文件_数字编号列项(二级)
正文图标题	黑体	五号	单倍行距	标准文件_正文图标题
正文表标题	黑体	五号	单倍行距	标准文件_正文表标题
标准正文内容(其他部分)	宋体	五号	单倍行距	标准文件_段

二、标准结构化

标准结构化旨在通过结构化手段对标准进行组织和管理，以优化标准的创建、应用、维护与更新流程。该技术主要涵盖以下内容：

（1）标准制定规范化：依据既定结构和格式制定标准，旨在保障标准内容的一致性与可读性。

（2）数据管理系统化：通过结构化方式存储标准相关数据，以便于高效检索与深入分析。

（3）流程管理标准化：涵盖标准从制定、审批、发布到实施、修订的完整流程，确保流程的规范与高效。

（4）技术整合一体化：将标准与现有技术系统和工作流程相融合，以提升工作效率和标准化水平。

（5）信息共享平台化：利用结构化的标准促进跨部门、跨组织的信息共享与交流。

（6）生命周期管理全面化：对标准从创建至废弃的完整生命周期进行监控与管理，确保标准的时效性与适用性。

（7）合规性检查自动化：通过结构化的标准执行自动合规性检查，保障产品、服务或系统满足规定要求。

（8）数字化平台构建：构建先进的数字化平台，以支持标准结构化技术的广泛应用，实现标准的数字化管理与便捷应用。

在油气管道领域，标准结构化技术的应用尤为重要，它涵盖了油气管道从规划、建设、运行、维护到报废回收的全生命周期信息化管理。例如，可借助先进的数字化平台设计技术，实现油气管道全生命周期的数字化管理，进一步提升数据的价值和应用水平。此外，有研究还提出了长输油气管道安全与完整性管理技术的发展战略，强调了标准结构化技术在管道全生命周期覆盖、高精准缺陷检测以及风险管理与控制等方面的重要性，为油气管道的安全与稳定运行提供了有力保障。

三、标准机器可读技术原理及方法

标准机器可读转化基于标准文本的结构特征，采用计算机程序对标准内容各构成部分进行识别与读取。为此，需对标准原文明确各文本内容的结构层级关系，为每一项文本内容指定特定的标签，进行结构化处理，以便机器能够依据标签精确地定位到相应的文本内容。如图3-2所示，获取标准的途径主要有两种：一是标准编写人员使用标准编写软件（例如 SET 2020），依照 GB/T 1.1—2020 规范要求的指定格式编写，以确保标准编写过程中格式的规范性，通过在软件中对 Word 文档中的标准内容设置不同种类和层次的样式，使计算机程序能根据标准文本的样式识别 Word 文档中的相应内容，并赋予标准内容结构对应的标签，实现机器可读转化。二是通过指定渠道购买 PDF 格式的标准，但 PDF 格式的标准无法直接编辑文字，机器无法直接从文件中提取标准信息，因此需要采用 OCR 技术将 PDF 格式标准转换为可编辑文字的 Word 文档格式，但经过 OCR 技术转化后的标准 Word 文档通常格式不一，无法直接通过计算机程序进行机器可读转化，需要通过统一标准的格式、样式辅以人工校核，形成机器可识别并提取文本内容的标准 Word 文档。

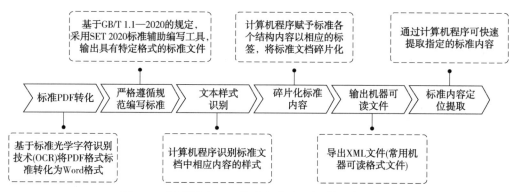

图 3-2　纸质版或 PDF 格式标准实现机器可读的流程

　　由表 3-1 可知，文本样式为标准各部分内容中独一无二的特征，计算机程序可根据该特征对各部分文本内容进行精确定位并赋予独特的标签，最终生成 XML 规范的标准机器可读文档。按照样式识别方法的标准机器可读转化原理，如图 3-3 所示，计算机程序会为每一行标准内容寻找到对应的样式。如果识别程序中所设置的样式和标准文本内容一致，则程序可为相应的标准内容赋予相应的标签，否则程序会继续搜寻，直到找到该内容对应的样式并赋予相应的标签。并通过对标准的逐行遍历，对每一行标准内容都赋予其对应的标签，最终完成 XML 格式的转化。图 3-4 为计算机程序将标准文本转化为机器可读格式的示范案例，程序可将标准封面、目录、前言、引言、正文、附录中所有内容输出成机器可读形式，并使得输出的 XML 格式具有清晰的层次，每种类型的标准内容都有自己特定的标签，使得机器可以依据标签对各个内容进行精确定位和抽取。

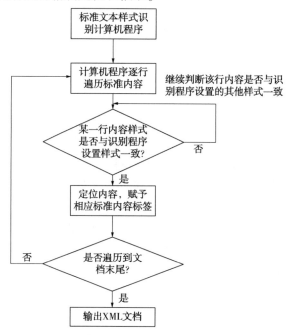

图 3-3　通过计算机程序将标准 Word 文本转化为 XML 文档的实现原理

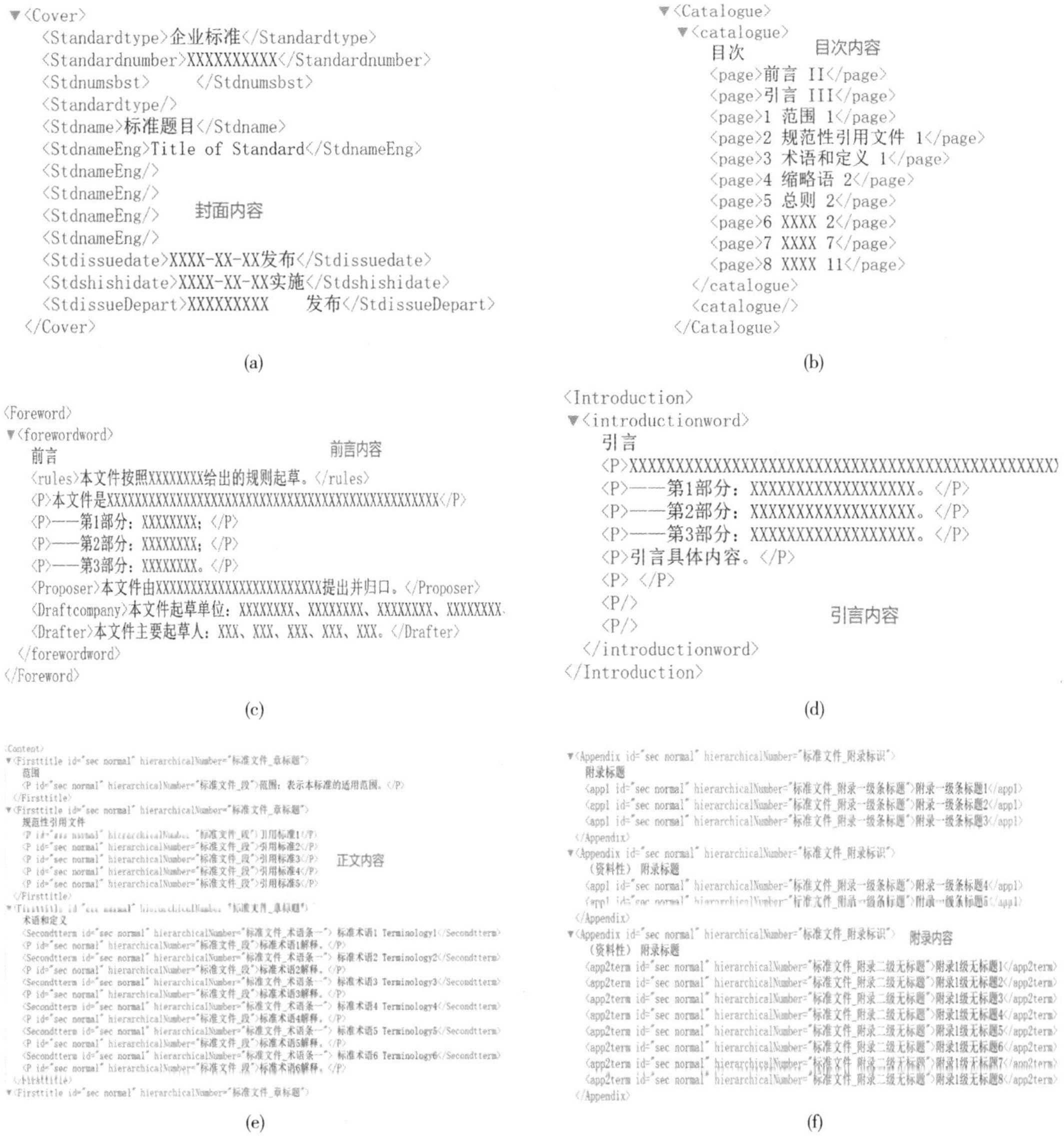

```
▼<Cover>
    <Standardtype>企业标准</Standardtype>
    <Standardnumber>XXXXXXXXX</Standardnumber>
    <Stdnumsbst>        </Stdnumsbst>
    <Standardtype/>
    <Stdname>标准题目</Stdname>
    <StdnameEng>Title of Standard</StdnameEng>
    <StdnameEng/>
    <StdnameEng>        </StdnameEng>
    <StdnameEng>        封面内容
    <StdnameEng/>
    <Stdissuedate>XXXX-XX-XX发布</Stdissuedate>
    <Stdshishidate>XXXX-XX-XX实施</Stdshishidate>
    <StdissueDepart>XXXXXXXXX        发布</StdissueDepart>
</Cover>
```

(a)

```
▼<Catalogue>
    ▼<catalogue>
        目次        目次内容
        <page>前言 II</page>
        <page>引言 III</page>
        <page>1 范围 1</page>
        <page>2 规范性引用文件 1</page>
        <page>3 术语和定义 1</page>
        <page>4 缩略语 2</page>
        <page>5 总则 2</page>
        <page>6 XXXX 2</page>
        <page>7 XXXX 7</page>
        <page>8 XXXX 11</page>
    </catalogue>
    <catalogue>
</Catalogue>
```

(b)

```
<Foreword>
▼<forewordword>
    前言        前言内容
    <rules>本文件按照XXXXXXXX给出的规则起草。</rules>
    <P>本文件是XXXXXXXXXXXXXXXXXXXXXXXXXXXXXXXXXX</P>
    <P>——第1部分：XXXXXXXX；</P>
    <P>——第2部分：XXXXXXX；</P>
    <P>——第3部分：XXXXXXX。</P>
    <Proposer>本文件由XXXXXXXXXXXXXXXXXXXXX提出并归口。</Proposer>
    <Draftcompany>本文件起草单位：XXXXXXXX、XXXXXXXX、XXXXXXXX、XXXXXXXX</Draftcompany>
    <Drafter>本文件主要起草人：XXX、XXX、XXX、XXX、XXX。</Drafter>
</forewordword>
</Foreword>
```

(c)

```
<Introduction>
▼<introductionword>
    引言
    <P>XXXXXXXXXXXXXXXXXXXXXXXXXXXXXXXXXXXXXXXXXXX）
    <P>——第1部分：XXXXXXXXXXXXXXX。</P>
    <P>——第2部分：XXXXXXXXXXXXXXX。</P>
    <P>——第3部分：XXXXXXXXXXXXXXX。</P>
    <P>引言具体内容。</P>
    <P> </P>
    <P/>
    <P/>        引言内容
</introductionword>
</Introduction>
```

(d)

```
<Content>
▼<Firsttitle id="sec normal" hierarchicalNumber="标准文件_章标题">
    范围
    <P id="sec normal" hierarchicalNumber="标准文件_段">范围，表示本标准的适用范围。</P>
</Firsttitle>
▼<Firsttitle id="sec normal" hierarchicalNumber="标准文件_章标题">
    规范性引用文件
    <P id="sec normal" hierarchicalNumber="标准文件_段">引用标准1</P>
    <P id="sec normal" hierarchicalNumber="标准文件_段">引用标准2</P>
    <P id="sec normal" hierarchicalNumber="标准文件_段">引用标准3</P>        正文内容
    <P id="sec normal" hierarchicalNumber="标准文件_段">引用标准4</P>
    <P id="sec normal" hierarchicalNumber="标准文件_段">引用标准5</P>
</Firsttitle>
▼<Firsttitle id="sec normal" hierarchicalNumber="标准文件_章标题">
    术语和定义
    <Secondtterm id="sec normal" hierarchicalNumber="标准文件_术语条一">标准术语1 Terminology1</Secondtterm>
    <P id="sec normal" hierarchicalNumber="标准文件_段">标准术语1解释</P>
    <Secondtterm id="sec normal" hierarchicalNumber="标准文件_术语条二">标准术语2 Terminology2</Secondtterm>
    <P id="sec normal" hierarchicalNumber="标准文件_段">标准术语2解释</P>
    <Secondtterm id="sec normal" hierarchicalNumber="标准文件_术语条三">标准术语3 Terminology3</Secondtterm>
    <P id="sec normal" hierarchicalNumber="标准文件_段">标准术语3解释</P>
    <Secondtterm id="sec normal" hierarchicalNumber="标准文件_术语条四">标准术语4 Terminology4</Secondtterm>
    <P id="sec normal" hierarchicalNumber="标准文件_段">标准术语4解释</P>
    <Secondtterm id="sec normal" hierarchicalNumber="标准文件_术语条五">标准术语5 Terminology5</Secondtterm>
    <P id="sec normal" hierarchicalNumber="标准文件_段">标准术语5解释</P>
    <Secondtterm id="sec normal" hierarchicalNumber="标准文件_术语条六">标准术语6 Terminology6</Secondtterm>
    <P id="sec normal" hierarchicalNumber="标准文件_段">标准术语6解释</P>
</Firsttitle>
▼<Firsttitle id="sec normal" hierarchicalNumber="标准文件_章标题">
```

(e)

```
▼<Appendix id="sec normal" hierarchicalNumber="标准文件_附录标识">
    附录标题
    <app1 id="sec normal" hierarchicalNumber="标准文件_附录一级条标题">附录一级条标题1</app1>
    <app1 id="sec normal" hierarchicalNumber="标准文件_附录一级条标题">附录一级条标题2</app1>
    <app1 id="sec normal" hierarchicalNumber="标准文件_附录一级条标题">附录一级条标题3</app1>
</Appendix>
▼<Appendix id="sec normal" hierarchicalNumber="标准文件_附录标识">
    （资料性）附录标题
    <app1 id="sec normal" hierarchicalNumber="标准文件_附录一级条标题">附录一级条标题4</app1>
    <app1 id="sec normal" hierarchicalNumber="标准文件_附录一级条标题">附录一级条标题5</app1>
</Appendix>
▼<Appendix id="sec normal" hierarchicalNumber="标准文件_附录标识">
    （资料性）附录标题        附录内容
    <app2term id="sec normal" hierarchicalNumber="标准文件_附录二级条标题">附录1级无标题1</app2term>
    <app2term id="sec normal" hierarchicalNumber="标准文件_附录二级条标题">附录1级无标题2</app2term>
    <app2term id="sec normal" hierarchicalNumber="标准文件_附录二级条标题">附录1级无标题3</app2term>
    <app2term id="sec normal" hierarchicalNumber="标准文件_附录二级条标题">附录1级无标题4</app2term>
    <app2term id="sec normal" hierarchicalNumber="标准文件_附录二级条标题">附录1级无标题5</app2term>
    <app2term id="sec normal" hierarchicalNumber="标准文件_附录二级条标题">附录1级无标题6</app2term>
    <app2term id="sec normal" hierarchicalNumber="标准文件_附录二级条标题">附录1级无标题7</app2term>
    <app2term id="sec normal" hierarchicalNumber="标准文件_附录二级条标题">附录1级无标题8</app2term>
</Appendix>
```

(f)

图 3-4　计算机程序将标准模板 Word 文本转化为 XML 文档原理示范案例

第三节　基于知识体系的标签集构建

标准文档形成由来已久，国内外相关组织都非常重视对已有标准文档内容的数据抽取以提供标准化的相关技术服务。虽然国际上有 ISO/IEC 导则，国内可遵循的标准有 GB/T 1.1，它们都对标准文档的结构和编写规则做出了规定，但它们都是文本形式的，是非结构化的。标准文档的非结构化难以进行数字化编辑和结构化处理，在对标准文档的内容进行数据抽取时也很困难。

因此，为了使机器能够自主理解和处理标准，需对标准进行数字化和结构化表示，这也是达到 2 级机器可读标准的基础，在结构化标准的过程中，需要对标准中的相应内容赋予标签，以便机器可以理解标准的内容，为标准的数字化打下基础。图 3-2~图 3-4 详细阐述了达到 2 级机器可读标准的流程、原理和转化示范，即分析标准结构和内容要素是构建标准标签集的基础。应用 XML 等标记语言定义标准结构层次、前文、主体和后文结构，以及章节条、段落、列项、图、表、公式、注等标准要素的标签及属性定义，构建通用标准信息模型。而在通用标签集构建的实际过程和标准文本机器可读的转化过程中需要严格遵守 GB/T 37967—2019《基于 XML 的国家标准结构化置标框架》、GB/T 42093.1—2022《标准文档结构化 元模型 第 1 部分：全文》、GB/T 42093.2—2022《标准文档结构化 元模型 第 2 部分：技术指标》等 ISO STS 标准标签集、标签设置的规范，以保证机器可读格式的规范性、统一性和完整性，便于机器对标准内容的识别。

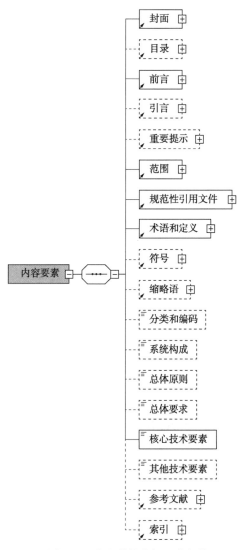

图 3-5　全文结构化标签集架构

在此基础上，分析油气管道领域典型标准整体结构（各章节目录）、主要技术内容、标准应用场景等特征，构建油气管道领域扩展标签集。基于面向本体的建模与表达方法，面向特定标准化对象的类和关系，扩展通用标准标签集及属性定义，形成标准框架和主要元素的结构化表达。为标准的数字化编辑和处理、标准文档内容的存储和交换、标准文档内容的重组构建本体库，为整体标准数字化奠定基础。

标准标签集可分为两大类，即通用标签集和扩展标签集。通用标签集为分析标准结构和内容要素，可分为结构化标签、技术指标标签。应用 XML 等标记语言定义标准结构层次、前文、主体和后文结构，以及章节条、段落、列项、图、表、公式、注等标准要素的标签及属性定义，构建通用标准信息模型。扩展标签集为在此基础上，分析油气管道领域典型标准题录、主要技术内容、典型应用场景等特征，构建扩展标准信息模型。

一、通用标签集

1. 全文结构化标签

该类型通用标签集的构建包含以下步骤：

（1）标准结构的拆解；

（2）基于标准结构元素进行标准信息单元划分（如图 3-5 所示，可拆分成引言、术语和定义、缩略语、参考文献等元素）；

（3）应用（如检索、重组等）可以根据标准结构信息单元执行（表 3-2）。

表 3-2　全文结构化标签集

序号	中文名	英文名	参考标签	说明	数据类型
1	层次	hierarchy	\<hierarchy\>	GB/T 1.1—2020 中规定的，构成标准化文件结构的要素之一，是按照标准化文件内容的从属关系，将文件内容从形式上划分的单元	复合型
1.1	层次类型	hierarchical type	\<hierarchical Type\>	标准化文件按层次的分类，包括：部分、章、条	字符串
1.2	层次编号	hierarchical number	\<hierarchical Number\>	标准的层次编号	字符串
1.3	层次标题	hierarchical title	\<hierarchical Title\>	标准化文件中某一层次（部分、章或条）的标题名称	字符串
1.4	层次内容	hierarchical content	\<hierarchical Content\>	标准化文件中某一层次（章或条）的内容	字符串
1.5	段落内容	paragraph	\<p\>	标准化文件中某一层次（部分、章或条）中段落的内容	字符串
1.6	列表内容	list	\<list-item\>	标准化文件中某一层次（部分、章或条）中列表的内容	复合型
2	内容要素	element	\<element\>	GB/T 1.1—2020 中规定的，构成标准化文件结构的要素之一，按照标准化文件内容具有的功能，将文件内容划分为相对独立的功能单元	复合型
2.1	封面	title page	\<title Page\>	标准化文件结构的要素之一，通常指标准化文件最外面的一层，用来给出标明文件的信息，如：文件名称、文件的层次或类别、文件代号、文件编号、国际标准分类、中国标准文献分类号、发布日期、实施日期、发布机构、英文译名、被代替文件编号、与国际标准的一致性程度标识等	复合型
2.1.1	国际标准分类号	ICS	\<ICS\>	标准化文件的《国际标准分类法》分类号	字符串
2.1.2	中国标准文献分类号	CCS	\<CCS\>	标准化文件的《中国标准文献分类法》分类号	字符串
2.1.3	文件代号	document code	\<document Code\>	由国务院标准化行政主管部门确定的国家标准的代号，由大写汉语拼音字母构成，例如：国家标准分为强制性国家标准代号 GB、推荐性国家标准的代号 GB/T、国家标准化指导性技术文件的代号 GB/Z	字符串
2.1.4	文件的层次或类别	document type	\<document Type\>	按照标准化文件的适用范围或不同的属性对标准化文件划分出不同的级别和类别。标准层次或类别可描述为："中华人民共和国国家标准""中华人民共和国××行业标准"等	字符串

续表

序号	中文名	英文名	参考标签	说明	数据类型
2.1.5	文件编号	document number	\<document Number>	由有关标准化机构给定的用于唯一识别某一标准化文件的注册号或登记号，或由文件代号、顺序号、发布年份号组成	复合型
2.1.6	等同采用文件编号	IDT document number	\<IDT Document Number>	当国家标准等同采用 ISO 标准和（或）IEC 标准时，采用双编号法用"/"连接在国家标准化文件编号后面的国际标准化文件编号	字符串
2.1.7	被代替文件	substitute relation	\<substitute Relation>	标识当前文件是否完全代替了被代替文件中的内容，如果是，替代关系为"替代"，如果不是，替代关系为"部分替代"	复合型
2.1.8	文件名称	Chinese document name	\<Chinese Document Name>	标准化文件的中文名称或中文译名是对文件所覆盖的主题清晰、简明的描述	复合型
2.1.9	文件英文译名	English document name	\<English Document Name>	标准化文件的英文名称	字符串
2.1.10	采用国际文件	adoptive	\<adoptive>	本国标准化文件以相应国际标准化文件（ISO、IEC 和 ITU 以及 ISO 确认并公布的其他国际组织制定的标准化文件）为基础编制，并标明了与其之间差异的本国标准化文件的发布活动	复合型
2.1.10.1	采用文件编号	adopted document number	\<adopted Document Number>	当前文件采用国际标准化文件的文件编号	字符串
2.1.10.2	采用文件英文名称	adopted English document name	\<adopted English Document Name>	当前文件采用国际标准化文件的英文名称	字符串
2.1.10.3	一致性程度标识	degree of consistency	\<degree Of Consistency>	当前文件与其采用的国际标准化文件的一致性程度的代号，包括 IDT、MOD、EQV、NEQ	字符串
2.1.11	发布日期	issue date	\<issue Date>	标准化文件经有关机构批准后发布公告的日期	日期型
2.1.12	实施日期	implementation date	\<implementation Date>	标准化文件经有关机构批准后予以发布的日期	日期型
2.1.13	发布机构	announcing body	\<announcing Body>	发布标准化文件的机构	字符串
2.2	目录	table of content	\<table Of Content>	标准化文件结构的要素之一，通常列出文件中的项内容和其所在的页码，方便读者查阅文件内容。具体应符合 GB/T 1.1—2020 中 8.2 的规定	复合型
2.3	前言	foreword	\<foreword>	标准化文件结构的要素之一，写在标准正文前，用来给出诸如文件起草依据的其他文件、与其他文件的关系和编制起草者的基本信息等文件自身内容之外的信息。具体应符合 GB/T 1.1—2020 中 8.3 的规定	复合型

序号	中文名	英文名	参考标签	说明	数据类型
2.3.1	与其他文件的关系	relationship to other documents	\<relationship To Other Documents>	前言应依次给出的内容，需要说明以下两方面的内容：与其他标准的关系；分为部分的文件每个部分说明其所属的部分并列出所有已经发布的部分的名称	字符串
2.3.2	被替代的文件	replaced document	\<replaced Document>	前言应依次给出的内容：被代替、废止的所有文件的编号和名称	字符串
2.3.3	与前一版文件的关系	relationship to replaced document	\<relationship To Replaced Document>	前言应依次给出的内容：列出与前一版本相比的主要技术变化	字符串
2.3.4	提出方	proposer	\<proposer>	前言应依次给出的内容，指报批标准化文件的单位名称(全称或公认的简称)	字符串
2.3.5	归口信息	national TC	\<national TC>	前言应依次给出的内容，指标准化文件的技术归口单位名称(全称或公认的简称)	字符串
2.3.6	起草单位	drafting unit	\<drafting Unit>	前言应依次给出的内容，指牵头起草标准化文件的单位或者排名靠前的起草单位	字符串
2.3.7	主要起草人	chief drafter	\<chief Drafter>	前言应依次给出的内容，指负责起草标准化文件的主要人员	字符串
2.4	引言	introduction	\<introduction>	标准化文件结构的要素之一，写在标准正文前，用来说明与文件自身内容相关的信息。具体应符合 GB/T 1.1—2020 中 8.4 的规定	复合型
2.4.1	分为部分的原因及部分之间关系	relation of parts	\<relation Of Parts>	一个标准化对象通常宜编制成一个无须细分的整体文件，在特殊情况下可编制成分为若干部分的文件，文件拟分为部分的原因一般为 3 种，详见 GB/T 1.1—2020 中 5.2.1。部分之间的关系，需列出拟分为部分的名称，阐述各个部分之间的技术关系	字符串
2.5	范围	scope	\<scope>	标准化文件结构的要素之一，标准正文的第一个要素，用来界定文件的标准化对象和所覆盖的各个方面，并指明文件的适用界限。具体应符合 GB/T 1.1—2020 中 8.5 的规定	复合型
2.5.1	标准化对象和所覆盖的方面	standardize objects and aspects	\<standardize Objects And Aspects>	需要标准化的主题，包括产品、过程或服务，诸如：材料、设备、系统、接口、协议、程序、功能、方法或活动；可覆盖任何对象的特定方面，例如：鞋子的尺码和耐用性	字符串

序号	中文名	英文名	参考标签	说明	数据类型
2.5.2	适用界限	applicable limits	\<applicable Limits\>	对标准化文件(而不是标准化对象)适用的领域、使用者和用途等的概括描述	字符串
2.6	规范性引用文件	normative reference	\<normative Reference\>	标准化文件结构的要素之一,用来列出文件中规范性引用的文件,由引导语和文件清单构成。具体应符合 GB/T 1.1—2020 中 8.6 的规定	复合型
2.7	术语和定义	terms and definitions	\<terms And Definitions\>	标准化文件结构的要素之一,用来界定为理解文件中某些术语所必需的定义,由引导语和术语条目构成。具体应符合 GB/T 1.1—2020 中 8.7 的规定	复合型
2.8	缩略语	abbreviation	\<abbreviation\>	标准化文件结构的要素之一,用来给出为理解文件所必需的、文件中使用的缩略语的说明或定义,由引导语和带有说明的缩略语清单构成。具体应符合 GB/T 1.1—2020 中 8.8 的规定	复合型
2.9	附录	appendix	\<appendix\>	附录作为可选要素,给出标准正文附加的补充条款或有助于理解标准的附加信息	复合型
2.10	参考文献	bibliography	\<bibliography\>	标准化文件结构的要素之一,通常是指对一个信息资源或其中一部分进行准确和详细著录的数据,位于文末或文中的信息源,用来列出文件中资料性引用的文件清单,以及其他信息资源清单	复合型
3.1	图	figure	\<figures\>	文件内容的图形化表述形式	复合型
3.2	表	table	\<tables\>	文件内容的表格化表述形式	复合型
3.3	数学公式	formula	\<formula\>	文件内容的一种表述形式,当需要使用符号表示量之间关系时宜使用数学公式	复合型
3.4	示例	example	\<example\>	文件内容的一种表述形式,它通过具体的例子帮助更好地理解或使用文件	复合型
3.5	注	note	\<note\>	文件内容的一种表述形式,它通过具体的注释帮助更好地理解或使用文件	复合型
3.6	引用	reference	\<reference\>	在起草文件时,如果有些内容已经包含在现行有效的其他文件中并且适用,通过提及文件编号和文件内容编号,而不抄录所需要的内容的一种表述形式	复合型

2. 技术指标标签集

技术指标标签集的构建可按照如下步骤进行：

（1）技术指标在结构化单元基础上进行更细颗粒度的识别；

（2）标准信息单元细化到标准指标对象（如图 3-6 所示，可拆分成属性名称、属性值、属性类型等）；

（3）应用（如检索、重组、系统集成等）可根据技术指标单元的语义执行（表 3-3）。

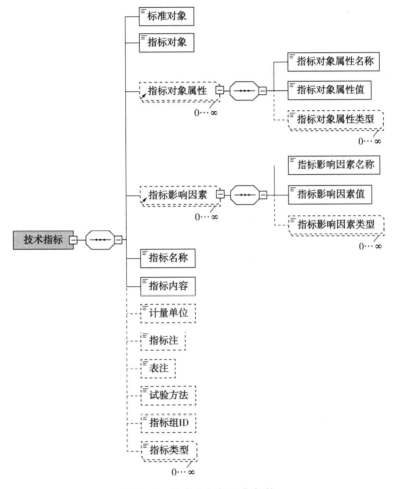

图 3-6　技术指标标签集架构

表 3-3　技术指标标签集

序号	中文名	英文名	说　　明	数据类型
1	技术指标	technical indicator	描述标准化文件中质量特性指标的一组信息	复合型
1.1	标准对象	standardized object	指标准化作用对象，可以是实体、事务、抽象概念或对象之间的关系	字符串
1.2	指标对象	indicator object	当标准化对象为系统时，标准技术要求又包含系统的结构要素的要求，这些结构要素即为技术指标对象	字符串

续表

序号	中文名	英文名	说　　明	数据类型
1.2.1	指标名称	indicator name	描述实体质量特征属性的技术要求名称	字符串
1.2.2	指标类型	indicator type	指标的分类编码(体系)	字符串
1.2.3	指标性质	indicator quality	描述指标的类型是定性、定量	字符串
1.2.4	指标内容	indicator value	某项技术要求的具体内容描述	字符串
1.3	指标影响因素	indicator influencing factor	指技术要求中对技术指标产生有影响、约束的一组信息。它是标准化对象的一种外在影响因素的属性	复合型
1.4	计量单位	measurement unit of indicator	技术要求的量值单位	字符串
1.5	指标注	indicator note	指标的注释	字符串
1.6	表注	table note	指标数据所在表的表注释	字符串
1.7	试验方法	test method	验证指标试验方法的一组信息	字符串

二、管网领域扩展标签集

通用标签集主要解决了标准结构与通用指标识别的问题。但当需要机器/信息系统对标准中特定的领域知识要素进行识别和操作时，不同类的领域技术要素数量庞大且繁杂，机器无法识别、交换、发布、维护，更不便于针对特定类型的领域知识要素开展智能检索、问答等应用。这就需要有一个领域本体模型来统一规范不同类的领域技术要素数据。

1. 构建方法

(1) 按照对象和业务两个维度构建；

(2) 自上而下和自下而上相结合构建；

(3) 根据应用需要，对象和业务两个维度的层级数可有所不同(图3-7)。

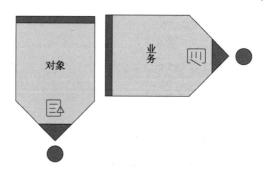

图3-7　扩展标签集构建方法

2. 具体方案

基于国家管网集团标准体系构建油气管道标准扩展标签集架构见图3-8。

3. 对象维度

油气管网机器可读标准对象维度的扩展标签集见表3-4。可依据标准的具体内容在表3-3的基础上对标签集进一步细化。

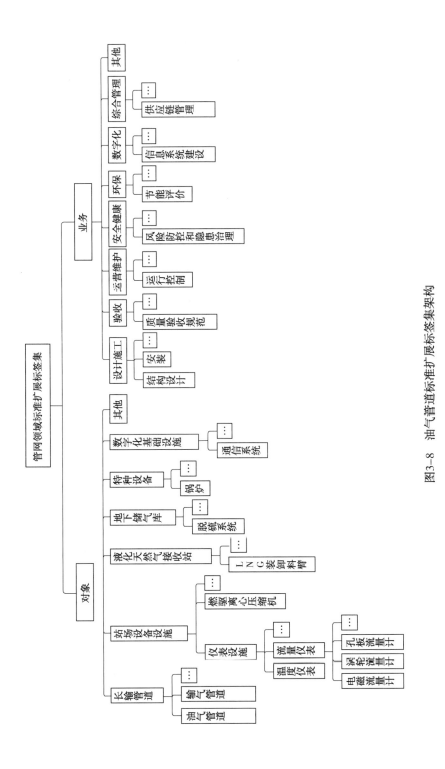

图3-8　油气管道标准扩展标签集架构

表 3-4　对象维度扩展标签集

序号	中文名	英文名	说　明	数据类型
1	长输管道	pipeline	在不同地区间输送经矿场净化处理的原油、天然气或液态石油产品(成品油)的管道,也称为"油气输送管道",包括管道线路、站场(2.9)及辅助设施等	复合型
1.1	油气管道	oil and gas pipeline	将石油、天然气等从起点直接运输到终点的管道线路	复合型
1.2	输气管道	gas pipeline	输送气体的长输管道(2.1),输送介质包括天然气、煤制气、煤层气、二氧化碳等气体	复合型
1.3	输油管道	oil pipeline	输送原油、成品油、液化石油气等介质的长输管道	复合型
1.4	原油管道	crude oil pipeline	将原油从起点直接运输到终点的管道线路	复合型
1.5	成品油管道	refined oil products pipeline	将成品油从起点直接运输到终点的管道线路	复合型
1.6	海底管道	submarine pipeline	铺设在海底的油气管道	复合型
2	站场设备设施	station facilities	站场在实现各项业务功能过程中需要使用的工具和机械,或为各种设备安全使用和业务正常开展而设置的建筑或其他设备	复合型
2.1	燃驱离心压缩机	combustion core compressor	动态轴对称吸收功涡轮机械的子类	复合型
2.2	变频电驱压缩机	variable frequency electric drive compressor	通过控制方式或手段使其转速在一定范围内连续调节,连续改变输出能量的电驱式压缩机	复合型
2.3	往复式压缩机	reciprocating compressor	通过气缸内活塞或隔膜的往复运动使缸体容积周期变化并实现气体的增压和输送的压缩机	复合型
2.4	离心式输油泵	centrifugal oil pump	输送油品的离心泵,管道上用于为原油或油品增压	复合型
2.5	储罐	tank	用于储存各种液体原料、半成品或成品的设备	复合型
2.6	开关型阀门	switch type valve	指打开或关闭一个管道或管路中的阀门,以控制介质(如液体或气体)的流动	复合型
2.7	电动执行机构	electric actuator	一种电力传动设备,可将电能转换为机械能,达到各种控制和调节目的。通常由电动机、减速器、限位开关、手动机构和执行机构(如齿轮、销轴、活塞等)组成	复合型
2.8	气动执行机构	pneumatic actuator	用气压力驱动启闭或调节阀门的执行装置	复合型
2.9	加热炉	heating furnace	将物料或工件加热的设备	复合型
2.10	电气设备	electrical equipment	电力系统中对发电机、变压器、电力线路、断路器等设备的统称	复合型
2.11	仪表设施	instrumentation	提供检测、计量、监测和控制的成套装置	复合型
2.12	站控系统	station control system	对站场的生产过程、工艺设备及辅助设施实行自动控制的计算机系统,它可以接受来自调度控制中心的控制命令并向其传送实时数据	复合型
2.13	消防设备及系统	fire fighting equipment and systems	火灾自动报警系统、室内消火栓、室外消火栓等用于灭火的设施及系统	复合型

序号	中文名	英文名	说　　明	数据类型
2.14	通风系统	ventilation system	借助换气稀释或通风排除等手段，控制空气污染物的传播与危害，实现室内外空气环境质量保障的一种建筑环境控制系统	复合型
2.15	公用设施	public facilities	由政府或其他社会组织提供的、给社会公众使用或享用的公共建筑或设备	复合型
3	液化天然气接收站	liquefied natural gas receiving terminal	指接收由海船运来的液化天然气（LNG），将其储存并再汽化后输往用户的中转枢纽	复合型
3.1	LNG 装卸料臂	LNG loading arm	一种装卸设备，当 LNG 船抵达 LNG 接收站码头后，通过液相卸料臂和卸料管线，借助船上卸料泵将 LNG 输送至接收站的储罐内	复合型
3.2	LNG 低压泵	LNG low pressure pump	用于 LNG 输送的低压泵	复合型
3.3	BOG 低压压缩机组	BOG low pressure compressor unit	将低压气体提升为高压气体的一种从动的流体机械	复合型
3.4	开架式气化器	open rack gasifier	以海水为热源的气化器，是用于基本负荷型的 LNG 接收站的大型 LNG 气化设备	复合型
3.5	计量分析系统	metrological analysis system	用于计量分析的系统	复合型
3.6	海水泵	salt water pump	一般是一种离心泵，是抽海水的主要设备之一	复合型
3.7	LNG 接收站阀门	LNG receiving station valve	储存液化天然气后往外输送天然气的装置的阀门	复合型
4	地下储气库	underground gas storage	利用地下空间储存天然气的设施，包括枯竭油气藏型、盐穴型、含水层型、岩洞型等	复合型
4.1	脱硫系统	desulphurization system	脱去燃料中的硫成分的系统	复合型
4.2	甲醇	carbinol	又称羟基甲烷，是一种有机化合物，有毒，是结构最简单的饱和一元醇	复合型
4.3	缓蚀剂系统	corrosion inhibitor system	防止或减缓材料腐蚀的系统	复合型
4.4	脱水系统	dehydration system	把煤浆中的煤水分开，使煤中残留的水分达到规定标准的系统	复合型
4.5	井工程	well engineering	利用机械设备，采用专业的技术，在预先选定的地表处，将地层向下或一侧钻成具有一定深度的圆柱形孔眼的工程	复合型
5	特种设备	special equipment	涉及生命安全、危险性较大的锅炉、压力容器、压力管道、电梯、起重机械、客运索道、大型游乐设施和场内专用机动车辆等设备	复合型
5.1	锅炉	boiler	利用燃料燃烧释放的热能或其他热能将工质水或其他流体加热到一定温度的设备	复合型
5.2	压力容器	pressure vessel	盛装气体或者液体，承载一定压力的密闭设备	复合型
5.3	电梯	elevator	一种垂直运送行人或货物的运输设备	复合型
5.4	起重机械	lifting machinery	用于垂直升降或者垂直升降并水平移动重物的机电设备	复合型

续表

序号	中文名	英文名	说　明	数据类型
5.5	场内专用机动车辆	on-site special motor vehicles	利用动力装置驱动或牵引的，仅在工厂、厂区等特定区域使用的专用机动车辆	复合型
5.6	安全阀	safety valve	用于防止管线或设备内介质超压的专用阀门。当管线或设备内介质的压力超过规定值时，阀门自动开启并向外排放部分介质	复合型
6	数字化基础设施	digital infrastructure	通过5G、数据中心、云计算、人工智能、物联网、区块链等新一代信息通信技术，以及基于此类技术形成的各类数字平台	复合型
6.1	通信系统	communication system	用电信号（或光信号）传输信息的系统	复合型
6.2	基础软件	basic software	操作系统、数据库系统、中间件、语言处理系统（包括编译程序、解释程序和汇编程序）和办公软件	复合型
6.3	云平台	cloud platform	基于硬件的服务，提供计算、网络和存储能力	复合型
6.4	数据中心	data center	构建、运行和交付应用和服务，以及存储和管理与这些应用和服务相关的数据的特定设备网络	复合型
7	其他	other	用于扩展以上未覆盖的标签，例如材料、线缆及附件、分析化验等	复合型

4. 业务维度

油气管网机器可读标准业务维度的扩展标签集见表3-5。可依据标准的具体内容在表3-5的基础上对标签集进一步细化。

表3-5　业务维度扩展标签集

序号	中文名	英文名	说　明	数据类型
1	设计施工	design and construction	从项目前期设计开始到竣工，完全由一个总承包单位完成的管理模式	复合型
1.1	结构设计	structural design	将抽象的原理方案转化为实物，以体现其所要求的外观和功用	复合型
1.2	勘察测量	reconnaissance survey	施工前对实地进行调查测量	复合型
1.3	安装	installation	将产品互相就位连接成有机整体的工作	复合型
1.4	工艺	technology	加工制造产品或零件所使用的路线、设备及加工方法的总称	复合型
1.5	线路	line	运输的通道	复合型
1.6	地质与气藏工程	geology and gasreservoir engineering	勘察深埋地下而无法进行直接观察和描述的地质实体的工程	复合型
1.7	钻采工程	drilling and production engineering	为探明地下资源、地质条件，以及其他目的而使用一定工具，在地壳内按照一定的工艺技术破碎岩石进行开采的工程	复合型

续表

序号	中文名	英文名	说　　明	数据类型
1.8	码头	quay	海边、江河边专供轮船或渡船停泊，让乘客上下、货物装卸的建筑物	复合型
1.9	机械	machine	机器与机构的总称	复合型
1.10	公用工程	utility	具有通用性，为各主装置服务的工程	复合型
1.11	材料与焊接	materials and welding	焊接材料及焊接作业	复合型
1.12	防腐保温	anti-corrosion and insulation	管道及容器为防止因氧化、腐蚀等产生危害，而使用相关的防腐保温管件对其采取的保护	复合型
1.13	仪表自动化	instrument automation	由若干自动化元件构成，具有较完善功能的自动化技术工具	复合型
1.14	电气	electric	电能的生产、传输、分配、使用和电工装备制造等学科或工程领域的统称	复合型
1.15	通信	communication	发送者(人或机器)和接收者之间通过某种媒体进行的信息传递	复合型
1.16	工程监理	engineering supervision	具有相关资质的监理单位受甲方委托，依据国家批准的工程项目建设文件、有关工程建设的法律、法规和工程建设监理合同及其他工程建设合同，代表甲方对乙方的工程建设实施监控的一种专业化服务活动	复合型
2	验收	acceptance	核查项目计划规定范围内各项工作或活动是否已经全部完成、可交付成果是否令人满意，并将核查结果记录在验收文件中的一系列活动	复合型
2.1	档案验收	file acceptance	将档案按照一定标准进行检验而后收下或认可的过程	复合型
2.2	交付规定	delivery requirement	交付的有关要求	复合型
2.3	质量验收规范	quality acceptance specification	为保障质量、加强工程技术管理和统一施工验收标准而颁发的重要规范	复合型
2.4	竣工验收	completion acceptance	工程项目竣工后，由投资主管部门会同建设、设计、施工、设备供应单位及工程质量监督等部门，对该项目是否符合规划设计要求以及施工和设备安装质量要求进行全面检验后，取得竣工合格资料、数据和凭证的过程	复合型
3	运营维护	operation and maintenance	有效运营、维护和管理工程或产品需执行的所有活动	复合型
3.1	运行控制	operation control	对运行过程中的有关风险进行控制的行为	复合型
3.2	远程诊断	remote diagnosis	利用远程资源为设备提供故障诊断服务	复合型
3.3	质量评价	quality evaluation	对某一指定要素和整体的优劣程度进行定性和定量的描述和评定	复合型

续表

序号	中文名	英文名	说　明	数据类型
3.4	预测性维护	predictive maintenance	根据观测到的状况而决定的连续或间断进行的维护,以监测、诊断或预测构筑物、系统或部件的条件指标	复合型
4	安全健康	safety and health	影响工作场所内员工(包括临时工、合同工)、外来人员和其他人员安全与健康的条件和因素	复合型
4.1	QHSE 体系	QHSE system	在质量、健康、安全和环境方面进行指挥和控制的管理体系	复合型
4.2	风险防控	risk control	风险管理者采取各种措施和方法,消灭或减少风险事件发生的各种可能性,或者减少风险事件发生时造成的损失	复合型
4.3	安全管理	safety management	对各种安全问题进行有计划、有组织、有针对性的管理,以达到保障人身、财产和环境安全的目的	复合型
4.4	安全技术	safety technology	为防止人身事故和职业病的危害,控制或消除生产过程中的危险因素而采取的专门的技术措施	复合型
4.5	安全作业规程	safe operating procedure	企业根据生产性质及技术设备的特点,结合实际为各工种制定的安全操作守则	复合型
4.6	消防安全与设施	fire safety and facilities	保障消防安全的设施和措施	复合型
4.7	个体防护	personal protection	使工作人员免受化学、生物与放射性污染危害而设计的装置或采取的措施	复合型
4.8	职业健康危害防护	protection against occupational health hazards	以控制或者消除生产过程中产生的职业危害因素	复合型
5	环保	environmental protection	人类为解决现实的或潜在的环境问题,协调人类与环境的关系,保障经济、社会的持续发展而采取的各种行动的总称	复合型
5.1	地表水环境保护	surface water environmental protection	采取限制或消除排入水体和水域的污染物的措施,使地表水维持其应有的正常功能	复合型
5.2	大气环境保护	atmospheric environment protection	保护大气环境质量	复合型
5.3	环境噪声与振动	ambient noise and vibration	在工业生产、建筑施工、交通运输等过程中所产生的干扰噪声和振动	复合型
5.4	土壤与地下水环境保护	environmental protection of soil and groundwater	保护土壤与地下水环境质量	复合型
5.5	固体废物与化学品环境污染控制	solid waste and chemical environmental pollution control	控制固体废弃物与化学品的排放量,防止固体废弃物与化学品污染所采取的措施	复合型
5.6	生态环境保护	ecological environmental protection	保护和维护自然生态系统的完整性、稳定性和平衡性,使之能够为人类提供可持续发展的资源和环境条件的一系列行动	复合型

序号	中文名	英文名	说　　明	数据类型
5.7	节能评价	energy conservation evaluation	根据节能法规、标准，对项目能源利用是否科学合理进行分析评估，并编制节能评估文件的活动	复合型
6	数字化	digitization	将信息转换为数字(计算机可读)格式的过程	复合型
6.1	数字化技术	digital technology	利用互联网、大数据、人工智能、区块链等新一代的信息技术	复合型
6.2	信息系统建设	information system construction	信息系统的建设工作	复合型
6.3	数据治理	data governance	对数据资产的管理活动行使权力和控制的活动集合(规划、监控和执行)	复合型
6.4	信息安全	information security	为数据处理系统建立和采用的技术、管理上的安全保护，目的是保护计算机硬件、软件、数据不因偶然和恶意的原因而遭到破坏、更改和泄露	复合型
7	综合管理	comprehensive management	机关单位的规划、咨询、决策、组织、指挥、协调、监督及内部管理工作的统筹管理	复合型
7.1	战略规划与执行	strategic planning and execution	在一定时间内找到目标和相应行动的过程	复合型
7.2	市场与营销	marketing	商品或服务从生产者手中移交到消费者手中的过程，是企业或其他组织以满足消费者需要为中心进行的一系列活动	复合型
7.3	流程与IT	process and IT	作业流程及相关IT系统和技术	复合型
7.4	研发管理	R&D management	以产品开发流程为基础的项目管理体系	复合型
7.5	供应链管理	supply chain management	对从供应商的供应商到客户的客户的产品流、信息流和资金流三流的集成管理	复合型
7.6	人力资源管理	human resource management	根据企业发展战略的要求，有计划地对人力资源进行合理配置	复合型
7.7	财经管理	financial and economic management	企业在一定的战略目标下，对资金运用的决策活动	复合型
7.8	支撑保障	support and guarantee	为了保障项目正常运转而采取的一系列措施	复合型
8	其他	other	用于扩展以上未覆盖的标签	复合型

第四节　油气管道标准机器可读加工辅助工具及应用

一、软件系统总体架构

(一)系统整体架构

机器可读标准软件系统整体架构如图3-9所示。系统由六个部分组成，分别为用户管理模块、数据接入模块、标签管理模块、标准加工模块、信息库模块和展示模块。其中，用户管理模块主要负责用户权限的分配等管理工作，对用户权限数据进行添加、删除、编辑等操作；数据接入模块主要负责 Word、PDF 等标准文件数据的接入；标签管理模块主要负责对标签的添加、删除、编辑等管理操作；信息库模块主要负责对用户信息、标准信息等数据的存储；标准加工模块包含结构化解析模块和标注任务模块，其中，结构化解析模块主要负责将 Word、PDF 等非 XML 结构的数据转化为 XML 数据，标注任务模块主要负责对标准数据信息的自动标注和人工标注；展示模块主要负责对标准搜索、标签查找、文件预览和标签可视化等界面的展示。

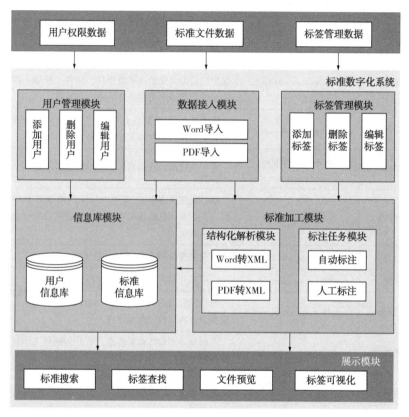

图 3-9　系统整体架构

（二）系统逻辑架构

在组件化分层设计的基础上，将业务流程、基础资源进行松耦合设计，将业务功能中的核心算法、业务数据流、控制流与用户应用界面、数据库分层设计实现松耦合。整个软件系统逻辑架构如图 3-10 所示，软件主要由四个部分组成，分别为数据层、支撑层、应用层及展示层。其中数据层主要实现数据标注及数据接入等功能；支撑层主要实现针对标准文件的关键要素抽取、检索及相关模型数据配置和用户权限管理；应用层集成了前面两层的功能，对用户提供标准加工、标准查询以及配置管理功能；展示层主要实现标准解析结果预览、标准标注结果预览、标准标签分类预览和标准检索结果预览，为用户提供界面的可视化展示。

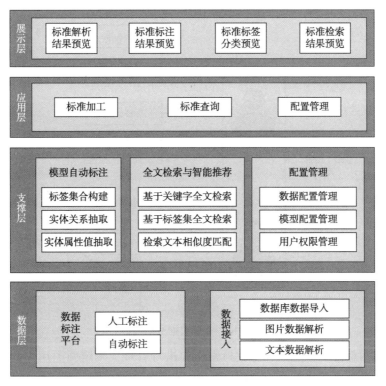

图 3-10　系统逻辑架构

二、系统业务描述

用户在登录界面输入用户名和密码，选择不同的用户类型：管理员用户、全文检索用户或标准加工用户。

管理员用户进入界面后，可以进行全文检索用户和标准加工用户的添加和删除，其他使用者可以通过管理员给予对应的账号和密码来登录系统。

全文检索用户进入界面后，可以选择三种检索方式：标准文本检索、术语定义检索、标签选择检索。输入对应的关键字（term），回车或点击"搜索"按钮进行标准的检索。标准加工用户进入界面后，先进入结构化解析页面，进行文件的批量导入，之后查看指定文件，并对这些文件进行结构化处理。同时支持删除这些文件，以及导出上传文件和结构化后的文件。

标准加工用户在结构化页面导入多个标准文件后，可以在标注任务管理页面对多个需要进行标注的文件选择标签，并导出标注后的标准文件，同时可以在此页面进入指定标准文件的标注页面进行标注，该页面即新增标注页面。

标准加工用户在新增标注页面可以查看对应的标准文件，自由选择标签来进行标准文件的标注。

标准加工用户也可进入标签管理页面，对标准文件标注所需的标签进行添加、删除和标签设置。

对于整个流程，标准数据的流动趋势如图 3-11 所示。

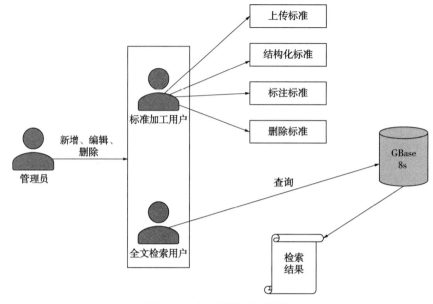

图 3-11　标准数据流动趋势

管理员能够对标准加工用户和全文检索用户进行管理，确定两类用户的数量、信息等。被授予权限的标准加工用户拥有对 GBase 8s 数据库增删的权利，可以将自身所拥有的标准文件上传至数据库，并利用系统提供的结构化和标注功能，实现对标准文件的加工，加工后的文件也可以保存至数据库。

全文检索用户在登录后，即可通过系统提供的查询功能查询数据库中存储的标准文件，既可以查询到标准加工用户上传的原始标准文件，也可以查询到标准加工用户加工后的标准文件。

三、标准辅助工具软件功能模块

（一）标准结构化加工

标准结构化加工模块用于实现标准原始资料管理、标准内容碎片化、标准内容校对、标准内容预览等功能，将原始标准文本中的结构化、半结构化和部分非结构化内容映射至语义标签集，为标准的机器可读和进一步的智能应用奠定基础。

1. 标准原始资料管理

操作人员可通过原始资料管理功能进行标准原始资料的管理，相关操作包含：查看、搜索、上传资源；原始资料列表可显示文件名、备注、导入方式、文件格式、文件大小、版本号、创建者、创建时间等资料相关信息；支持通过文件名、日期等关键字进行原始资料的查询检索。在上传资料时，选中需要上传的文件，输入需要的资源信息，若文件不存在完成上传操作，若文件存在确认是否需要覆盖，选择确定覆盖，更新相关数据并完成上传操作，选择不覆盖则不进行任何操作。

2. 标准内容碎片化

操作人员可通过标准内容碎片化功能，对标准进行碎片化生成、查看和预览；碎片化生成可处理 Word、PDF 等格式的标准原始资料，依据预定义的标准文件结构与语义元模型标签，生成标准相关的 XML、图片等文件，并提取数据，持久化到系统中；标准碎片化列表信息包含：文件名、标准号、标准名称、发布日期、实施日期；相关操作包含：获取碎片化文件、碎片化、重新提取、PDF 阅读、预览；支持通过文件名+标签名进行标准要素的查询检索；支持加载碎片化标准数据，查看标准文件的目录、指标、图片索引，并可以快速定位。

3. 标准内容校对

操作人员可通过标准校对功能对标准信息进行校对与编辑修改；支持通过标准号、标准名称等关键字获取符合条件的标准信息；加载标准信息后，章条信息、图片信息、引用信息、术语信息、技术要素信息等均可通过软件进行在线校对与编辑，从而有效提高标准结构化数据库的准确性。

4. 标准内容预览

软件支持对结构化标准内容的在线预览，可通过标准文件的目录、指标、图片索引对标准内容进行快速定位，并支持标准间引用关系的可视化展示。

（二）标准数据管理

标准数据管理模块用于实现标准标签定义、标签管理和流程管理等功能，在对标准通用结构与编写特点，以及油气管道领域标准内容的提炼抽象基础上实现对语义标签集的定义、标签与流程管理，实现标准内容的知识化。

1. 标签定义

操作人员可通过标签定义功能，对标准语义标签进行定义、查看和检索；加载标准相关数据后，可对油气管道领域各类标准进行通用语义和领域语义标签新增和编辑操作；标签定义列表信息包含：标准号、标准名称；支持通过关键字进行标签的模糊查询和组合查询。

2. 标签管理

操作人员可通过标签管理功能对标准语义标签进行修改与删除操作；支持在选中标准后加载相应的标签信息，生成标签信息列表，并对标签信息进行修改与删除；支持在选中标签后显示所有标记为该标签的标准条款。

3. 流程管理

流程管理信息包含：流程编号、流程节点名称、备注；相关操作包含：搜索；支持通过流程名称、流程编号等查询项，获取符合条件的流程树信息。

4. 数据库逻辑结构设计

标准数据管理数据库逻辑结构如图 3-12 所示。

（三）基础数据与系统管理

1. 菜单管理

菜单管理功能方便操作人员对软件的各类功能菜单进行检索操作，提升用户的使用效率与操作体验。菜单管理列表信息包含：菜单名称、URL 路径、菜单级别、父级菜单、显示顺序、状态、备注等选项；支持对功能菜单的搜索、添加、编辑、删除等操作。

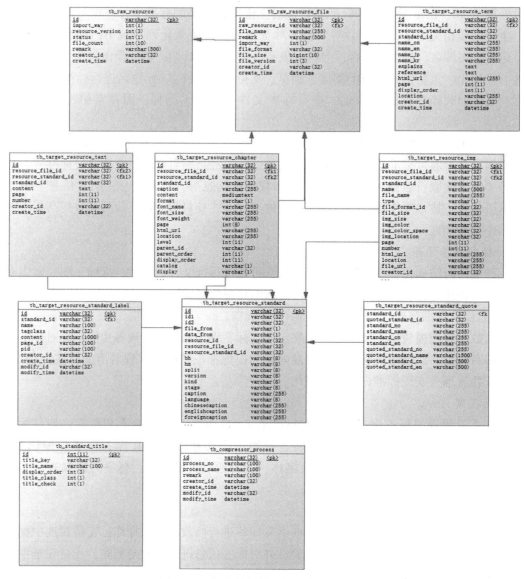

图 3-12　标准数据管理数据库逻辑结构

2. 用户信息管理

用户信息管理功能支持管理员对各类用户状态进行配置管理；支持对用户账户、手机号、用户姓名、用户角色、用户状态、创建人、创建时间、修改人、修改时间、备注等科目的查看；支持管理员进行搜索、添加、编辑、禁用、启用、删除、重置密码等操作；支持对用户账户、手机号码、真实姓名、用户角色等信息进行查看与编辑；支持对用户权限进行禁用和启动。

3. 字典管理

字典管理功能支持管理员对油气管道领域字典进行配置管理，以支持分词、术语提取等基础功能；字典数据库包含字典类型编码、字典类型名称、状态、创建者、创建时间等属性；支持具有权限的操作人员进行字典的搜索、添加、编辑、删除等操作。

4. 登录日志

软件应对登录日志进行记录，提高系统安全性；登录日志至少包含登录人、IP、登录时间等字段；支持基于登录人、登录日期等关键字对登录日志进行搜索。

5. 操作日志

软件应对操作日志进行记录，提高标准数据的可追溯性与数据库质量；操作日志至少包含操作类型、模块、请求 URL、请求参数、操作人、操作时间等字段；支持基于模块、操作类型、操作人、操作日期等关键字对操作日志进行搜索。

6. 数据库逻辑结构设计

基础数据与系统管理数据库逻辑结构如图 3-13 所示。

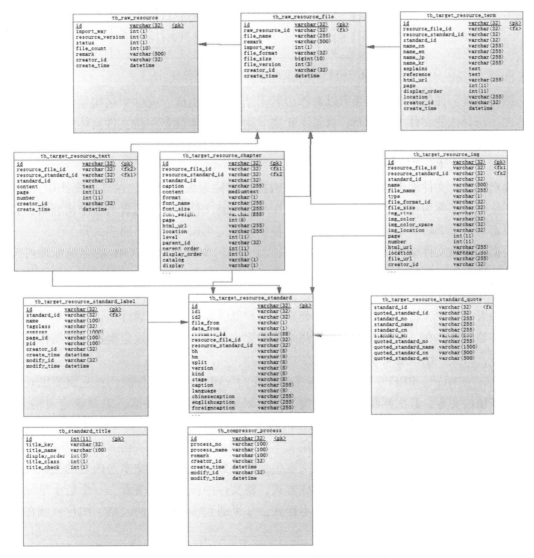

图 3-13 基础数据与系统管理数据库逻辑结构

（四）XML 文件生成与解析引擎

XML 是一种用于标记电子文件，使其具有结构性的标记语言。通过此种标记，文件模板中文字化内容可以被结构化表达。因此，基于 XML 的文件结构特征描述有利于实现文件交换、传递和共享。

文件结构特征是组成文件的基本单元，通过对文件内容分析，将文件主要分为结构要素、特征要素、编辑要素三大类，如图 3-14 所示。

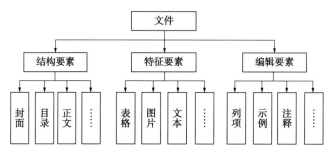

图 3-14　标准文件 XML 结构要素分解

结构要素：任何一个整体都可以看作由若干结构模块组成，文件中结构模块称为结构要素。在一份具体的文件中，封面、目录、正文、附录等要素就是一份文件具体的结构要素。

特征要素：每一个结构要素中，包含若干特征单元，称为特征要素。在具体的文件中，表格、图片、文本等都称为特征要素。

编辑要素：文件编辑过程中对文本的编辑操作统称为编辑要素。在具体操作中，列项、示例、注释等都称为编辑要素。一般来说，在一份完整文件中一定包含若干结构要素、若干特征要素与若干编辑要素，并且结构要素、特征要素与编辑要素是多对多关系。

根据上述对文件结构特征的描述和处理，对于一份文件，基于 XML 的存储原理可按照三级结构来存储。一级结构存储文件结构要素，构建文件整体框架；二级结构存储文件文本属性；三级结构存储文本内容。

在一级结构中，将文件中各个结构要素依次存储，在各个节点属性中设置结构要素的名称、书签等属性。在二级结构下，存放每个结构要素整体架构，并规定架构特征属性。在三级结构下，将文件结构要素中具体内容依次存放。

因此，将 Word、PDF 等形式的标准文件转换为 XML 结构化文件时，首先需要纵观全文提炼文件结构要素，其次判断结构要素类型。如果是表格型结构要素，需要确定表格的行、列、行宽、列宽、合并单元格、是否填写内容等基本属性，并且在需要修改的地方添加书签；如果是结构型结构要素，需要先确定文本结构层级，并确定每一层级样式及书签位置；如果是创生型结构要素，需要记录其在文本中存放位置，并且记录文本与内容的关联关系。

在文本存放中，主要采用节点式存放方式，将文件中每一个段落看作一个最小单元，节点内容存放文本内容，节点属性存放文本样式，如果遇到特殊格式的表格、图片，就在节点下按照表格、图片的存放方式来存放。

在 XML 文件解析时，要事先打开该文件所对应的 dot 文件，然后基于根节点循环。在每个结构要素节点下，先通过循环其中子节点将结构要素中的内容依次输出，然后根据具体属性将文本刷新编辑，这样按节点将文件全部输出，从而形成一份符合标准的结构化模板。

1. 机器可读格式转换

1）痛点问题

传统标准依赖人员阅读，不适用于机器理解，机器无法直接以数字化形式使用标准。

2）目标

作为标准用户，我需要标准内容是机器可读/可执行/可解析的。同时，不丢失标准之间以及标准条款之间的逻辑关系。

3）价值

（1）大大提高标准制定和标准使用效率；

（2）增强标准需求与标准应用之间清晰的关联；

（3）增强标准应用的准确性和效率。

4）需求类型

（1）描述了对于结构数字化标准的需求。

（2）描述了采用机器可读形式将标准集成至用户软硬件系统中的需求。

5）用例描述

如图3-15所示，当前，必须由人员首先阅读标准并提取需要的标准内容，手动将标准内容以机器可读的形式输入业务系统中。用户自行验证标准是否得到了正确应用。

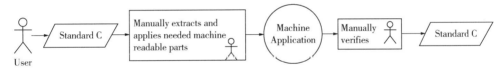

图3-15 在业务系统中使用标准的当前过程

如图3-16所示，在机器可读标准解决方案中，同步提供机器可读形式的内容和相应指示，用户系统可以快速将标准内容应用在业务平台中，甚至进行自动验证。

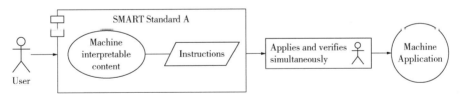

图3-16 机器可读标准解决方案标准应用的一般过程

6）技术路径

（1）标准编制：

以XML/UML等格式编制标准；

培训标准起草专家运用软件工具起草XML标准；

将存量标准转化为机器可读形式。

（2）标准交付和使用：

明确标准交付的形式，例如传统形式和数字化形式同步交付；

确定机器可读格式适用于用户系统。

2. 标准匹配

1）痛点问题

用户需要手动选择适合特定对象/特定使用场景的标准条款，但是用户并不了解所有标准的情况，也不具备使用特定对象/特定使用场景相关标准的实践经验。

2）目标

作为标准用户，我希望基于我的描述可以找到适用于特定对象/特定使用场景的所有相关的标准条款。更进一步，我可以将它们导入业务软件程序（例如 CAD 或数据库等）。

3）价值

（1）提高标准使用效率；

（2）获取并使用更多相关标准；

（3）提高项目质量；

（4）提高标准一致性程度。

4）需求类型

（1）描述了基于用户输入自动生成建议的需求。

（2）描述了快速便捷找到特定信息的需求。

5）用例描述

当前，标准用户根据自身的知识和检索能力，检索和手动检查各种标准条款。图 3-17 描述了该过程。

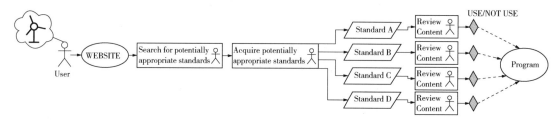

图 3-17　寻找适用标准的当前过程

在机器可读标准解决方案中，用户描述所需要的标准化需求。机器可读标准解决方案提供适用于该描述的所有标准条款清单。图 3-18 描述了该过程。

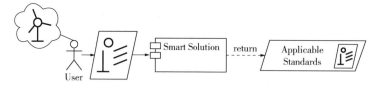

图 3-18　机器可读标准解决方案检索的一般过程

6）技术路径

（1）标准编制：

对目标标准进行标注，提高机器可读性和检索效率；

标准内容符合给定的标准化语义（特别是对于用户需求询问的"理解"）；

附有应用领域扩展标签。

（2）标准交付和使用：

建立软件工具平台执行智能检索；

检索结果可便捷访问所需要的标准内容；

检索结果可在检索执行过程中不断优化。

3. 技术要求提取与比对

1）痛点问题

手动从标准中提取技术要求和指标非常容易出错，且效率低下。

2）目标

作为标准用户，我希望自动提取所用标准中的技术要求，并将相关技术要求和指标便捷地集成到业务软件工具/业务流程中。

3）价值

（1）节约时间和成本；

（2）标准成为工具集的一部分；

（3）提高要求的可追溯性；

（4）确保所有技术要求按照标准及时更新。

4）需求类型

（1）描述了将标准中的技术要求集成到软件工具中的需求。

（2）描述了将标准中的技术要求集成到用户设备或测量系统等中的需求。

5）用例描述

当前，用户手动查询标准 A 中的技术要求，然后将标准中的技术部分复制粘贴到所使用的软件工具或系统中。用户必须自己确保业务工作中与标准的技术要求没有冲突。这一过程如图 3-19 所示。

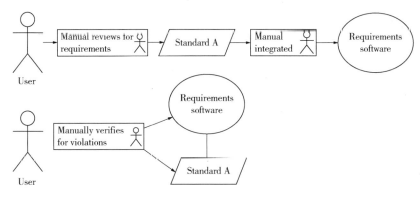

图 3-19　标准中提取技术要求的当前过程

如图 3-20 所示，在机器可读标准解决方案中，用户可直接将标准 A 中的技术要求集成到业务软件中。同时，机器可读标准可支持后续自动识别业务工作是否与标准中的技术要求存在冲突。

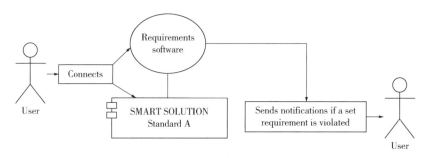

图 3-20 机器可读标准解决方案提取技术要求的一般过程

6）技术路径

（1）标准编制：

选择包含技术要求的适用标准；

确定机器可读标准集成至业务软件或系统的适用格式。

（2）标准交付和使用：

用户确认在业务软件或系统中正确使用机器可读标准的交互过程；

用户确认标准技术要求的解读自动实现由人工转化为机器。

7）标准辅助工具应用

如图 3-21~图 3-23 所示，选取 30 项基于 GB 1.1—2020 规范，经过 SET 2020 标准编写软件编写的企业标准进行机器可读转化测试，基于标准机器可读技术所开发的标准机器可读辅助工具可将符合规范格式的标准文档，按照现有的标签集设置规范，转化成 XML 文件格式，令机器可根据通用标签集，识别标准文本中不同部分的重要信息，将转化成 XML 文件的标准中所需要的信息提取出来。

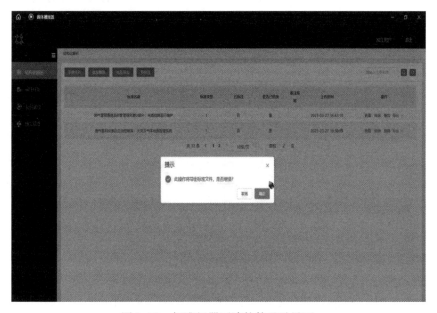

图 3-21 标准机器可读软件登录界面

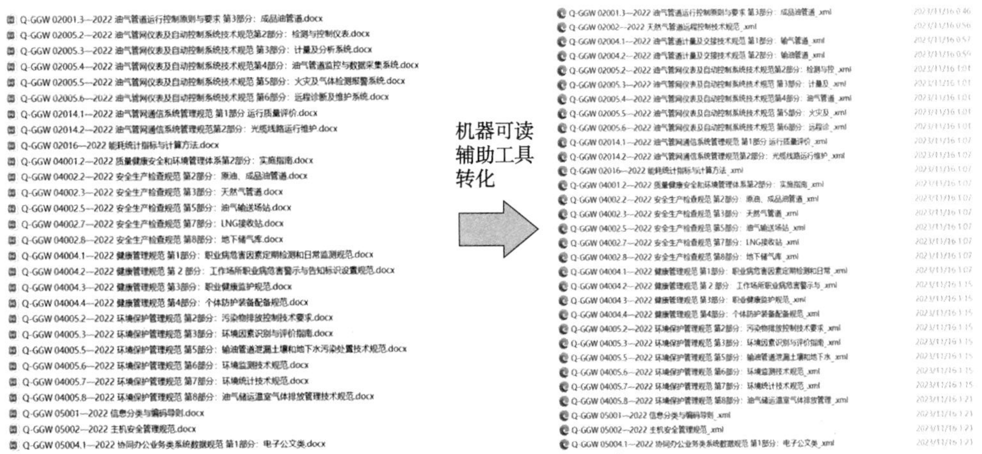

图 3-22 标准机器可读辅助工具实现 Word 文本转化为 PDF


```
▼<hierarchy id="sec_1" hierarchicalType="标准文件_章标题" hierarchicalNumber="4">
    <abbreviation>4 缩略语</abbreviation>
    <P>ESD: 紧急停车 (Emergency Shutdown) </P>
    <P>HMI: 人机界面 (Human Machine Interface) </P>
    <P>MAOP: 最大允许运行压力 (Maximum Allowable Operating Pressure) </P>
    <P>PCV: 压力控制阀 (Pressure Control Valve) </P>
    <P>PID: 比例、积分、微分 (Proportional Integral Differential) </P>
    <P>PLC: 可编程逻辑控制器 (Programmable Logic Controller) </P>
    <P>RTU: 远程控制终端 (Remote Terminal Unit) </P>
    <P>SCADA: 监控与数据采集 (Supervisor Control And Data Acquisition) </P>
    <P>UPS: 不间断电源 (Uninterrupted Power Supply) </P>
  </hierarchy>
▼<hierarchy id="sec_1" hierarchicalType="标准文件_章标题" hierarchicalNumber="5">
    <hierarchicalTitle>5 总则</hierarchicalTitle>
  ▼<hierarchy id="sec_2" hierarchicalType="标准文件_一级无标题" hierarchicalNumber="5.1">
      <hierarchicalTitle>5.1</hierarchicalTitle>
      <P>管道设计、运行和生产经营活动中的任何决策需要遵循安全、可靠、高效的原则。</P>
    </hierarchy>
  ▼<hierarchy id="sec_2" hierarchicalType="标准文件_一级无标题" hierarchicalNumber="5.2">
      <hierarchicalTitle>5.2</hierarchicalTitle>
      <P>管道运行和生产经营活动中涉及安全问题的决策和行为时，遵循人员安全和环境保护优先的原则。</P>
    </hierarchy>
  ▼<hierarchy id="sec_2" hierarchicalType="标准文件_一级无标题" hierarchicalNumber="5.3">
      <hierarchicalTitle>5.3</hierarchicalTitle>
      <P>系统可靠性主要根据安全平稳运行、输送计划完成和满足油品质量要求进行评价。</P>
    </hierarchy>
  ▼<hierarchy id="sec_2" hierarchicalType="标准文件_一级无标题" hierarchicalNumber="5.4">
      <hierarchicalTitle>5.4</hierarchicalTitle>
      <P>管道系统首先满足安全环保要求，其次满足可靠性和高效性。</P>
    </hierarchy>
  </hierarchy>
▼<hierarchy id="sec_1" hierarchicalType="标准文件_章标题" hierarchicalNumber="6">
    <hierarchicalTitle>6 管道设计</hierarchicalTitle>
  ▼<hierarchy id="sec_2" hierarchicalType="标准文件_一级条标题" hierarchicalNumber="6.1">
      <hierarchicalTitle>6.1 通则</hierarchicalTitle>
    ▼<hierarchy id="sec_3" hierarchicalType="标准文件_二级无标题" hierarchicalNumber="6.1.1">
        <hierarchicalTitle>6.1.1</hierarchicalTitle>
        <reference>GB 50253</reference>
        <P>管道设计除应符合GB 50253外，还应满足安全可靠、环保节能、技术先进、经济合理的要求。</P>
```


图 3-23 经过标准机器可读辅助工具输出后未添加扩展标签集的标准 XML 文档

标准 Word 文档导入机器可读辅助工具完成机器可读转化后，标准内容实现了结构化，为使得机器可以更清晰地理解油气管道领域标准的关键内容，需要在实现标准机器可读转化的基础上，根据标准本体信息对结构化标准内容进行标注，图 3-24～图 3-30 展示了标准文本从选择标签、确定实体和关系标签到输出含有扩展标签集标签的全过程。先选取需要添加标签的标准文本，界面显示标准文本内容后，再打开标签选择选项。如图 3-26 所示，标签包含实体标签和关系标签。操作者可基于油气管道领域构建的标准本体结构，确定所需要添加标签的实体以及两个实体之间的关系。从实体和关系标签列表中选取所需要的实体和关系标签，即可完成实体和关系的标注。随后可按照标准本体的规则依次标注其他的实体和关系（图 3-29），完成标注后可选择导出 XML 文件，即可生成带有技术指标标签集和扩展标签集的 XML 文档。该步骤可赋予机器理解油气管道领域标准信息的能力，便于标准知识和关系抽取。并可根据油气管道领域的应用场景选择性地识别标准中所有重要粒度的信息单元（章节、图形、定义、参数等），并对相关标准内容执行更加复杂的操作，为构建标准知识图谱提供了基础的数据资料。

图 3-24 标注文件的选取和建立

图 3-25 待标注文本

图 3-26 实体和关系标签选择

图 3-27 加入实体标签

图 3-28 选择关系标签

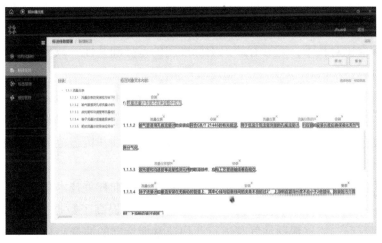

图 3-29 标准机器可读实现文本标注效果

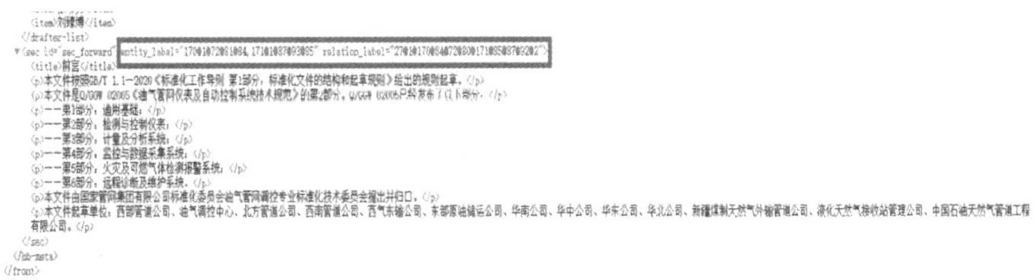

图 3-30 加入标签后导出的 XML 文件

油气管道标准数据分析技术及应用

第一节 概 述

油气管道标准数据分析技术是指运用信息技术、数据挖掘和智能算法等手段，对标准内容和标准指标进行系统性整理、比对、分析和处理的一系列技术方法，主要包括：标准比对技术、标准智能辅助编写技术以及标准题录数据多维度分析技术。

油气管道标准数据分析技术在推动行业标准化、提升管理效率以及支持智能化决策方面具有重要意义：

（1）通过标准比对技术，能够有效识别标准间的差异和共性，减少重复工作，优化标准的制定和修订过程；

（2）标准智能辅助编写技术为标准编写提供了智能化支持，提升了编写的准确性与效率；

（3）多维度分析技术从数据角度全面评估标准的适用性和覆盖范围，为标准的决策提供了强有力的依据。

这些技术的实际应用，如标准内容指标比对系统、标准查重技术和标准题录数据多维度分析系统的开发和推广，提高了标准比对的自动化水平、提高了数据分析的效率和准确性、简化了标准管理流程，能够帮助油气管道行业快速掌握标准的演变趋势、技术要点以及不同标准之间的差异，从而为标准制定、执行和更新提供强有力的支持和决策依据。

第二节 标准比对技术

标准比对方法主要包括三种：首先，文献研究法通过查阅相关资料，学习相关理论，着眼于标准比对的内涵和标准自身特征，进行综合分析，力求方法的创新；其次，调查研究法通过调查当前开展标准比对工作的现状，分析判断当前标准比对工作开展的影响和制约因素，了解掌握丰富的第一手资料，为任务研究提供强有力的支撑；最后，知识库方法结合专家经验与计算机技术，进行比对标准的集成与内容指标的提取，构建一个包含标准文本、内容、指标、比对结论和专家知识的关联性知识库，从而提高比对工作的智能化水平。

标准比对技术在油气管道领域具有重要意义，特别是在全球化背景下中外标准的对比和融合方面发挥了关键作用。

（1）通过标准比对技术，可以有效解决不同国家或地区在标准制定中的差异问题，确保油气管道行业的技术标准能够与国际接轨，能够帮助企业准确理解和应用各类标准，提升其国际竞争力。

（2）避免重复劳动和资源浪费，降低技术风险和合规成本。

（3）标准比对技术为技术进步和管理优化提供了强有力的支持。通过对标准的版本差异、技术指标及内容结构的详细比对，企业和监管机构能够更好地把握行业技术发展趋势，优化内部管理流程，提升生产效率。

（4）标准比对技术为新标准的制定和现有标准的更新提供了科学依据，有助于标准化工作的创新与完善。

一、标准比对的要求

标准比对技术的要求主要包括范围、目标、类型、内容指标层次、比对结果判定和形式化定义。

1. 油气管道标准比对技术的范围

形成中外标准内容指标比对技术规范，建立标准内容、指标的拆分—组织—关联—比对—查重的技术规范；开展中外标准内容指标比对的方法示范，为开展中外标准内容指标比对工作提供行之有效的方法路线。基于中外标准内容指标比对的数据加工成果，建立中外标准内容指标比对的"一站式"服务平台。

2. 油气管道标准比对技术的目标

1）形成中外标准内容指标比对的技术规范

建立标准段落、内容、指标的拆分—组织—关联—比对的技术规范，开展中外标准内容指标比对的方法示范。

2）建立中外标准内容指标比对的工作平台和"一站式"服务平台

面向中外标准内容指标比对工作最终服务形态，建立中外标准内容指标比对的工作平台，进而基于各子课题开展中外标准内容指标比对的数据加工成果，建立中外标准内容指标比对的"一站式"服务平台。

3. 油气管道标准比对技术的类型

目前开展的标准比对通常分为四种：

第一种，内部比对。针对同一标准不同时期的版本进行标准比较，通过比较这些标准新旧版本的差异，有助于找出管理、技术发展趋势。

第二种，差异性比对。对企业来说，最明显的标准比对对象是直接的竞争对手，因为两者有着相似的产品和市场。与竞争对手对标优点是能够看到对标的结果，不足是竞争对手使用的标准没有完全公开，特别是国外企业一般不愿透露其执行的标准信息。

第三种，行业或功能比对。就是企业与处于同一行业但不在一个市场的公司对标。这种对标的好处是，很容易找到愿意分享信息的对标对象，因为彼此不是直接竞争对手。

第四种，类属或程序比对。与不相关的公司就某个工作程序对标，相比而言，这种方法实施最困难。至于企业选择何种标准比对方式，是由标准比对的内容决定的。

标准比对按需求层次分为体系比对、内容比对、指标比对。体系对比的目的是服务宏观层面管理及发现发展布局差异；内容比对的目的是通过对比标准的内容结构、文本结构差异，了解不同类型标准规定的工作思路；指标比对的目的是确定技术细节，明确技术实现目标，了解取舍过程。这四种方式和不同层次的比对内容，一般用到两种比对方法——人工比对和机器比对。这两种比对方法均涉及比对标准选取、内容指标提取、内容指标比对三项内容。因此对应需要进行标准选取方法研究、标准内容指标提取研究、标准内容指标比对研究。

4. 油气管道标准比对技术的内容指标层级

以实际需求来说，标准比对分三个层次：了解宏观层次的差异，了解内容及工作思路的差异，了解技术细节的差异。针对这些需求我们开展比对的层次也有所区别。在大多数情况下体系比对可以满足宏观层面管理及发展布局差异的需求，内容比对能了解标准内容结构、文本结构差异，了解不同操作方式的工作思路；指标比对能进一步确定技术细节差异，明确不同技术的实现目标，了解指标取舍的判定过程。

因此在设计内容指标比对流程和给出比对结果时，也需要满足三个层次的需求：给比对人员足够的自由度，对结果的判定需要基础专业背景和能提供可验证的证据。

5. 油气管道标准比对技术的比对结果判定

专家比对采用的主要方式为两两比对，选定一个标准作为基准比对标准，选定待比对的内容和指标，检索其他标准中的相同或类似指标，将不同标准中的主要技术指标分别与基准比对标准中的指标进行对比。结果判定方法如下：

若基准比对标准的要求低于其他比对标准时，该项指标的单项评价为"低于"；

若基准比对标准的要求等同于其他比对标准时，该项指标的单项评价为"等同于"；

若基准比对标准的要求严于其他比对标准时，该项指标的单项评价为"高于"；

若基准比对标准的该项指标在其他比对标准中未提及时，该指标的单项判定结果为"自定义新指标"；

若基准比对标准缺少其他比对标准中的指标时，该指标的单项判定结果为"××指标缺失"。

结论判断的一般描述为"×××标准的此项要求等同于×××标准""×××标准的此项要求高于/低于×××标准，具体为×××""×××标准的此项要求与×××标准存在差异，为指标缺失/自定义新指标，具体为×××"。

6. 油气管道标准比对技术的形式化定义

集合论模型：从标准文献的使用来看，具体某一产品或领域需要比对的标准只占标准总量的很少一部分。对于不同标准，一般以标准编号来区别，每个区域的标准文献组成了一个标准文献集。这些标准编号组成的集合为标准文献集的特征集，标准编号为特征。

设标准发布机构所发布的所有标准组成集合为 A，标准信息发布机构 i 在日期 t 所发布的所有标准组成集合记为：$A_i(t)$，那么所有标准组成集合表示为：

$$A(t) = \bigcup_{i=1}^{m} A_i(t) \tag{4-1}$$

式中　t——某一日期；

　　　m——标准发布机构数目。

注：这里的标准发布机构 i 按照制定标准的组织来进行区分，当标准发布机构 i 为国标时，$A_i(t)$ 表示在日期 t 所有国标的标准信息集合。

设所需比对的所有标准组成集合 B，企业或行业领域相关的标准专题数据 i 在日期 t 所形成的标准集合记为 $B_i(t)$，那么本次所需比对的所有标准数据组成的标准集合表示为：

$$B(t) = \bigcup_{i=1}^{n} B_i(t) \tag{4-2}$$

式中　t——某一日期；

　　　n——涉及产品或领域数量。

那么存在如下集合关系：

$$B(t) \subseteq A(t) \tag{4-3}$$

$$B(t) = \bigcup_{i=1}^{n} B_i(t) = \bigcup_{i=1}^{p} A_i'(t) \tag{4-4}$$

$$A_i'(t) \subseteq A_i(t) \tag{4-5}$$

$$B_i(t) = \bigcup_{k=1}^{q} A_k'(t) \tag{4-6}$$

式中　p，q——比对数据所涉及的标准种类，$q \leqslant p \leqslant m$。

式(4-3)表示在日期 t，比对数据集合 $B(t)$ 是全部标准数据集合 $A(t)$ 的子集。

式(4-4)和式(4-5)表示在日期 t，任一比对数据库中涉及标准发布机构 i 的标准信息集合 $A_i'(t)$ 是标准发布机构 i 所发布的标准集合 $A_i(t)$ 的子集。

式(4-6)表示在日期 t，某一比对数据信息集合 $B_i(t)$ 是 q 个标准发布机构所发布的标准信息集合 $A_i(t)$ 子集 $A_i'(t)$ 的并集。

映射模型：由式(4-1)~式(4-6)可推导出如下映射关系：

$$f: A \rightarrow B \tag{4-7}$$

若新增数据及时加工，那么存在如下映射关系：

$$f: A_i(t) \rightarrow B_j(t) \tag{4-8}$$

式(4-8)标准文献数据组织过程，即全部标准数据映射到比对专题数据库(或内容库)的标准数据集，对应法则 f 为标准数据组织方法。

由式(4-6)~式(4-8)可推导出如下映射关系：

$$\begin{cases} B_i(t) = \bigcup_{k=1}^{q} A_k'(t) \\ f: A_k(t) \rightarrow B_i(t) \\ A_k'(t) \subseteq A_k(t) \end{cases} \tag{4-9}$$

$$\Rightarrow \begin{cases} f_i: A_k(t) \rightarrow B_i(A'_k(t)) \\ A_k(t) = \{ d_k \mid k \in I \} \\ A'_k(t) = \{ d'_k \mid k \in I \} \end{cases} \qquad (4\text{-}10)$$

$$\Rightarrow f_i: A(d_k) \rightarrow B(d'_k) \qquad (4\text{-}11)$$

式中　d——全部标准数据库；

　　　d'——处理、组织之后的标准数据库。

二、标准比对的设计与实现

(一)标准比对的设计

1. 标准比对的总体设计

要开展中外标准内容指标比对，实现比对任务，均需要在不同的标准中找到相关内容，并根据具体判定标准进行对比，给出结论。按照解决问题的操作流程，需要解决三个关键问题：①需要比对什么标准？②需要比对的内容、指标是什么？③结论是什么？

要解决这三个问题，需要研究标准的集成组织方法和工具，标准的结构化分析方法和工具，内容指标提取方法和工具，以及标准内容指标组织、关联、比对方法和工具(图4-1)。

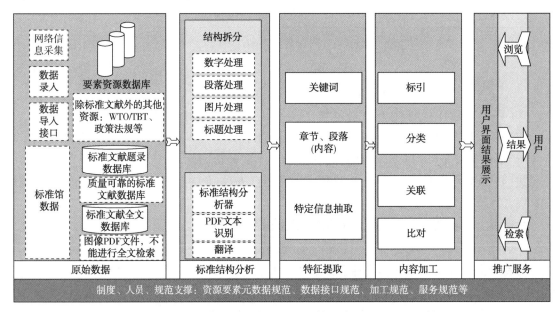

图4-1　标准比对总体设计

2. 标准内容指标比对设计

标准文献内容指标比对属于文本挖掘和信息检索的范畴，但不同于一般的文本挖掘和信息检索，一方面，标准文献内容指标比对是文本挖掘和信息检索在标准领域的深入应用；另一方面，由于整个内容和指标比对都围绕着最终应用展开，模型在设计之初就考虑应用，把自主组织分类体系和应用体系纳入整个流程之内(图4-2)。

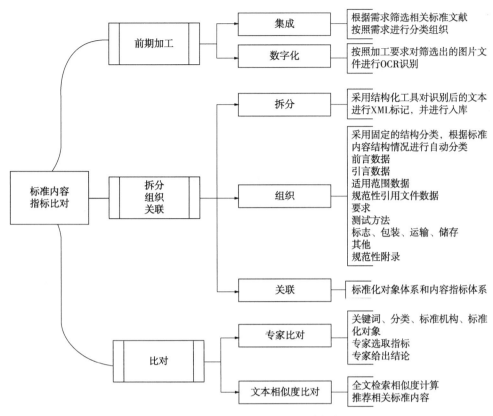

图 4-2　标准内容指标比对设计框架

3. 标准内容指标比对任务管理与加工设计

基于本项目研究出的方法和流程(图 4-3),依托国家标准馆涵盖国内(国家标准、行业标准、地方标准、企业标准)和国外(ISO、IEC、EN 等组织)的标准的题录、全文和结构化数据(数据总量超过 170 万条)基础。基于结构化数据针对重点内容进行指标抽取,计算机辅助人工审核,并按照指标分类体系进行组织,与内容进行关联。利用提取得到的标准化对象、内容、指标及其之间的关系,构建知识库。设计适用于中外标准比对的大规模内容揭示加工的流程管理,包括人员管理、资源配置管理、任务管理。人员管理来在线管理加工人员,并分配不同权限,不同用户做不同的事;资源配置管理来在系统中上传、下载电子资源,减少文本的邮寄、资源缺失等问题;任务管理可以实时查看任务进度,并查看加工详情,降低后续返工率,并提高加工效率。

本项目需要在现有软硬件支持环境下完成相应的开发和建设任务,必须考虑和现有系统兼容的同时还要设计出能够利于将来系统扩展的架构。系统设计时应采用先进、主流、可靠、安全、开放、实用、性价比高的架构。系统操作应简单,操作人员对照简单的使用说明书就可操作,或者略经培训就可方便操作。系统能够完成要求的所有功能操作,同时具有良好的运行速度,有较高的数据承载能力;系统应易于管理、方便维护,系统必须是构件化、面向对象的,可做到灵活扩展;系统在建设和运行维护过程中要切实保证标准信息资源的安全和保密。

模块规划如表 4-1 所示。

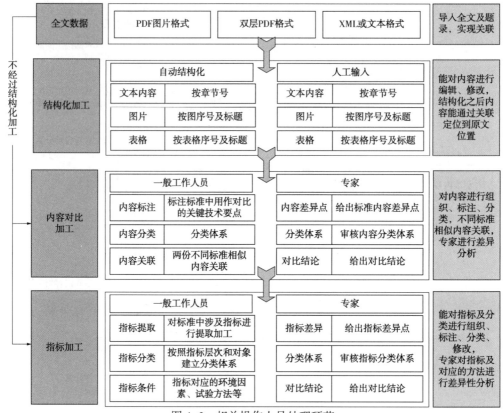

图 4-3 相关操作人员处理环节

表 4-1 模块规划

一级	二级	三级	四级
前期准备工作	框架搭建	FastDFS 搭建	10. 3. 4. 20
		底层框架搭建	三层+EF
		前端框架搭建	PHP+Bootstrap
		后台框架搭建	WebApi+EF
	用户维护	用户基本信息维护	
专题模块	专题维护	专题创建	根专题创建
			子专题创建
		专题自身信息维护	专题自身信息维护
		资源导入	资源获取
			资源上传
			资源本地上传
			资源下载
		设置团队	设置团队
			关键技术指标添加
		关键技术指标维护	关键技术指标编辑
			关键技术指标删除
			关键技术指标展现

续表

一级	二级	三级	四级
任务	任务分配	分配任务	列出专题下特定状态的任务
			分配(批量)任务给加工用户
			展现专题树
	任务加工	任务界面初始化	列出操作用户的特定状态的任务
			列出当前标准的关键技术指标
		专家加工	获取专题关键技术指标树形列表
			获取当前标准结构化信息
			段落关键技术指标标引
			删除标准段落关键技术指标
			编辑标准段落关键技术指标
			关键技术指标专题内检索
			关键技术指标全库内检索
			检索标准全文查看
			检索标准结构化查看
			检索标准比对结论添加
			比对结论编辑
	资源维护	资源维护	比对结论删除
			加工用户提交任务
			资源获取
			资源本地上传
			资源下载
			资源查看
			根专题创建
			子专题创建
			专题树形列表获取
			关键技术指标树列表获取

4. 标准内容指标"一站式"检索比对服务设计

构建一个结构灵活、功能强大、遵循标准的基础支撑框架，从方案设计的第一步开始就要全盘考虑整个方案的架构合理性。标准内容指标"一站式"检索比对服务系统采用风采的体系结构，详细架构如图 4-4 所示。

核心模块为用户模块、检索模块、比对模块、数据浏览和统计分析模块。

1) 用户模块

实现用户注册、用户登录、信息查询、个人资料维护、消息管理、关注标准等功能。

2) 检索模块

简单检索：针对标准化对象和指标进行智能检索。选择要检索的对象：全文、标准号、关键词，在检索框中输入标准号/关键词/内容，检索输入的时候有快速匹配，可选择后替换输入内容直接检索。

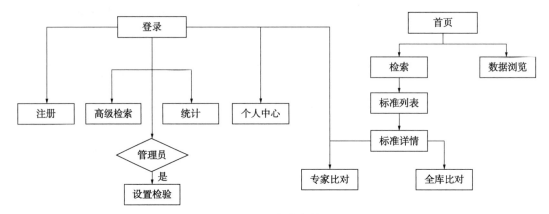

图 4-4 软件架构

简单检索的可选项少或者没有，输入关键词，就可以快速得到结果。检索的准确性差、得到的结果也多，但胜在操作简单。简单检索的原理主要是利用布尔逻辑算符进行检索词或代码的逻辑组配，常用的布尔逻辑算符有三种，分别是逻辑或"OR"、逻辑与"AND"、逻辑非"NOT"。用这些逻辑算符将检索词组配构成检索提问式，计算机将根据提问式与系统中的记录进行匹配，当两者相符时则命中，并自动输出该标准文本记录。例如，输入"陶瓷砖"，表示查找标准文本中含有"陶瓷砖"的标准信息。

高级检索：输入要检索概念，通过对标准化知识体系的体系支撑检索设计，逐层概括或者逐层细分，实现对标准化对象或产品的按图索骥，确定需要检索的概念对象。通过主题词查找相应的类-特性(包括：一级体例、末级体例)-指标(包含：属性、指标)进行检索设计。

在高级检索中，用户可以通过点选检索系统给的检索算法对多词进行逻辑组配检索，高级检索提供的检索框也多，一般一个检索框可以输入一个词或一个词组。

相比简单检索，高级检索的结果数目更加少，同时也更加精确。但是高级检索的操作也相对烦琐。在日常生活中，想搜索某一类标准时，如果只掌握有很少、很模糊的资料时，应该使用简单检索，这样得到的结果更多，不会错过有用的标准。掌握很详细的资料，就应该使用高级检索，这样得到的结果更加精确，也会节省很多时间。

全文检索：通过主题词针对全部字段信息进行检索。如图 4-5 所示，利用标准全文检索库，为标准中的关键词、核心词建立索引，用户查询时根据建立的索引查找检索词所在标准以及具体位置，全文检索可加快检索速率，是比对服务的基础，同时也能提升用户体验感。

简单检索、高级检索和全文检索的比较结果见表 4-2。

表 4-2 简单检索、高级检索和全文检索的比较结果

项目	简单检索	高级检索	全文检索
设计	选择要检索的对象：标准号、关键词、全文	检索条件包括关键词、标准号、发布单位、发布时间、标准状态；限定范围的检索	为标准中的关键词、核心词建立索引，根据索引查找检索词所在标准以及具体位置

续表

项目	简单检索	高级检索	全文检索
场景	已明确检索对象	需限定范围或在具体行业检索或比对	需把检索范围扩展到标准正文段落
特点	简单直接	为用户提供精确检索途径	是指标比对服务的基础

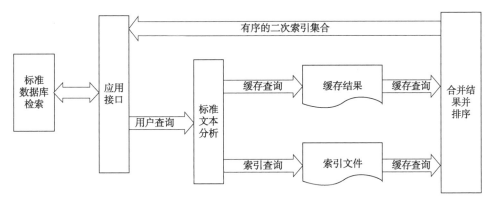

图 4-5　标准全文检索库

综合检索：后台得到用户通过上述检索方式所检索的条件，调取标准馆检索接口得到数据，在检索列表页面展示出来。列表页还需提供发布单位、标准状态、发布时间、设计标准等检索条件。用户通过点击条件具体项来进一步精确检索。同时提供删除某项已选择的功能。

检索结果：点击"检索"按钮进入检索列表页，列表的展示方式：默认只展示标准的基本信息（标准号、标准名称、发布日期与实施日期）；可以下拉展开标准的段落信息。

3）服务模块

用户在标准内容展示界面选取某指标的上下文范围（行/段落），检索比对服务平台通过检索标准资源库包含该指标的文本、计算检索结果文本相似度、输出检索指标文本排序结果供用户浏览选择。

点击"段落比对"进入标准的比对页面，比对页面展示该标准的所属分类以及发布单位信息，用户可以添加关注/取消关注此标准，左侧展示标准的目录树，中间是标准全文信息。

选择目录树的某一项，全文会跳到该目录下的段落，右侧操作栏出现该目录的比对结果，选择筛选条件，点击"搜索"，从专家库和全文库进行搜索。

专家库比全文库多个"详情"操作，点击"详情"按钮查看两条标准指标的详细比对。

（二）标准比对的实现

1. 标准比对的数据获取

数据是开展标准内容和指标比对的基础，快速选择所需比对的标准数据需要使用计算机辅助的检索、集成技术手段来实现。目前采用了两种手段：①专业咨询人员在深入细致需求分析的基础上，针对使用对象（生产企业和政府机构）的文献需求目标和潜在的信息需求，给出针对性的文献检索与资料编制方案，并在用户认可的前提下，进行全部有关信息的收集、整理、组织与加工工作，经过专业人员确认形成最终比对的清单；②技

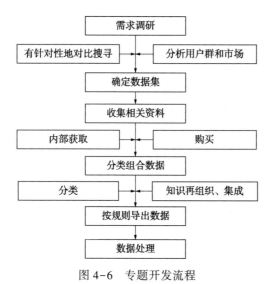

图 4-6 专题开发流程

术人员直接检索所需比对的标准，按比对需要逐个添加。

利用现有资源，通过检索、组合分类，最终形成专题数据库，具体流程如图 4-6。

1）进行调研

明确标准比对背景、对象的范围和相关关键词。需要考虑中英文、同义词。

2）知识组织

需要制定知识组织方案。在用户调研的基础上制定知识组织方案。如家用电器标准比对，采用产品分类进行标准组织。

3）组建检索词表

按照知识组织方案，组建检索词表（表 4-3）。

表 4-3　检索词表模板及示例

类别	说明	检索方案组合	中英文规范词
腐蚀试验标准	腐蚀；点蚀	关键词：腐蚀/试验方法；腐蚀/测定；腐蚀/试验；腐蚀/试样 ICS 分类：77.060 金属的腐蚀 CCS 分类：	腐蚀 Corrosion
腐蚀环境分级分类标准	腐蚀；点蚀	关键词：腐蚀；腐蚀/环境；腐蚀/土壤腐蚀；腐蚀/大气腐蚀；大气环境腐蚀；腐蚀环境；腐蚀/自然环境；腐蚀/环境分类；腐蚀/环境分级 ICS 分类：77.060 金属的腐蚀 CCS 分类：	腐蚀 Corrosion 腐蚀环境 Corrosion environment

4）按数据模板导出数据

标准文献数据分为国家标准、行业标准、地方标准和国外标准四部分，主要来源于国家标准馆数据库，使用标准馆内部加工系统按照检索结果把所需的标准数据导出（表 4-4）。

表 4-4　结果数据导出模板

A100	A298
填写标准号	填写标准名

2. 计算机辅助的标准比对实现

1）提取关键字

计算机通过分词组件提取比对内容涉及的关键字。在文本结构中字和标点符号共同构成一个段落，标点符号只是标准内容的分隔符，并没有特殊的意义，因此标点符号不能够成为文件内容的关键字；同时停顿字在文件内容中也没有特殊的意义，因此停顿字也不能够成为文档内容的关键字。

通过分词组件完成以下功能：

（1）将比对内容分成单独的字；

（2）去掉标点符号；

（3）分词处理。

比对内容经过以上的过程处理后，就成为算法处理的词元。系统通过分词处理的方法将词元变成比对内容的关键字。

标准内容指标比对数据模型的研究单元为指标化数据，因此标准内容中的指标化数据可以作为关键字提取的最小单元，有效降低词元的复杂性，提高关键字的提取准确率。根据对汉语语法和统计学规律的研究，制定了特有的关键字提取机制，即段落中关键字的字数应尽可能地多、单个分词的根数尽可能地少和总词数尽可能地少。

2）权重计算

权重是比对模型中一个相对的概念，同时权重是一个可调的值，权重一般表示该元素对系统输出结果的影响力，影响力越大表示该元素权重越高，也表示该元素和系统处理结果越相关。标准内容指标比对的对象为标准内容中的指标数据，通过对标准内容的研究和分析，确定影响关键字在指标数据中权重的因素。通过两个层次对标准文档进行研究，第一个层次为针对单个标准文档的研究，第二个层次为针对整个标准文档库的研究，研究发现，每篇标准文档都包含不同的主题，而工作人员为了描述各主题都采用了大量的专业词汇，如果一篇文档中某些关键字的词频比较高，这些关键字可能是用于描述文档主题的，那么这些关键字应该有较高的权重。同时文档中词频较高的关键字并不都是用于描述文档主题的，有些关键字为生活中的常用词汇，文档在编写过程中会用到较多的常用词汇，通过统计学方法的分析，得出了相应的处理方法，即如果在一个数量比较大的文档集群中，包含某些关键字文档的数目越多，这些关键字越不重要，那么这些关键字的权值越低。

影响一个关键字在文档中权重的要素有关键字在文档出现的频率以及包含该关键字的文档数量：

Term Frequency（tf）：关键字在文档中出现的次数越多，tf越大，说明该关键字越重要。

Document Frequency（df）：包含该关键字的文档越多，df越大，说明该关键字越不重要。

权重公式：

$$w_{t,d} = tf_{t,d} \times \log(n/df_t) \tag{4-12}$$

式中　$w_{t,d}$——关键字 t 在文件 d 中的权重；

$tf_{t,d}$——关键字 t 在文件 d 中的频次；

n——集群中所有文件的数量；

df_t——关键字 t 在所有文件中的频次。

3）相关性判断

对指标数据之间进行相关性的判断，就能够实现指标数据之间的比对功能。将每段内容指标数据看作由 N 个关键字构成，每个关键字有一个权重，不同的关键字根据在指标数据中的权重来影响比对结果的相关性。通过处理将所有关键字的权重看作一个向量。

具体表示方法如下：

Document = {term1，term2，…，term N}

Document Vector = {weight1，weight2，…，weight N}

现有系统将比对对象看作由 N 个关键字构成，也用向量表示。表示方法如图4-7所示。

Query = {term1，term2，…，term N}

Query Vector = {weight1，weight2，…，weight N}

将符合一定规则的指标数据放在一个 N 维空间中，其中每一个关键字都为一维向量。

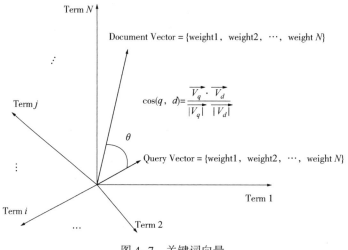

图4-7　关键词向量

通过计算两个向量之间的夹角来判断搜索内容和文档之间的相关性，两个向量之间的夹角越小，相关性越大。系统采用余弦公式作为向量相关性的打分标准，余弦值越大，分数越高，相关性越大。

$$\cos(q, d) = \frac{\vec{V_q} \cdot \vec{V_d}}{|\vec{V_q}| * |\vec{V_d}|} = \frac{\sum_{i=1}^{n} w_{i,q}^2 w_{i,d}^2}{\sqrt[2]{\sum_{i=1}^{n} w_{i,q}^2} \sqrt[2]{\sum_{i=1}^{n} w_{i,d}^2}} \qquad (4-13)$$

通过上述过程的处理，系统就能够根据条件，自动实现指标数据的比对功能。

第三节　标准智能辅助编写技术

标准智能辅助编写技术能够提升标准编制的效率和质量、促进知识共享、提高标准文档的可维护性与更新速度、增强领域适应性，为企业和行业提供重要的技术支撑，且有助于推动标准化工作的全面智能化和精细化。

一、标准智能辅助编写的要求

(一) 现有标准分类要求

面向不同的标准编制需求场景，按主题分级分类存储、标识、提取、应用标准数据库。围绕标准数字化统一规划建设总体目标，根据不同的标准等级(国家标准、行业标准、团体标准、企业标准)和标准类别(导则类、指南类、技术要求类、技术规范类、工程技术类等),区分各种不同作业指导书的差异,利用 GB/T 1.1 和管网现有管理基础,从多模态数据、通用技术要素、编写格式要求等开展通用型研究,保障数据安全,形成不同标准规范、不同标准分类模型,建立不同类型、不同领域标准辅助写作知识体系多元数据架构及数据模型。在分级分类数据规范、标准模板和基本模型的基础上,研究依托流程在线生产标准的方式和协同关键技术,建立不同类型、不同领域标准辅助写作知识体系和数据架构。研究分级分类标准和作业指导书的基本规则、规范,包括格式和通用要素,包括封面、前言、范围、规范性引用文件、术语和定义、技术要求等必备要素以及不同分级分类管理要求等,建立管网分级分类标准模型。

基于现有标准分级分类开展现状分析和研究,主要研究:

(1)标准分级的要求:国家标准、行业标准、地方标准、团体标准承担项目的企业内部管理要求;

(2)分类标准要求:重点分析导则类、指南类、技术要求类、技术规范类、工程技术类的基本要求、主要构成要素等;

(3)作业指导书:研究各类、各层级作业指导书的统一格式、内容要求;

(4)企业标准:主要对企业标准的要求进行研究。

面向不同的标准编制需求场景,按主题分级分类存储、标识、提取、应用标准数据库。

在分级分类数据规范、标准模板和基本模型的基础上,研究依托流程在线生产标准的方式和协同关键技术,建立不同类型、不同领域标准辅助写作知识体系和数据架构。

(二)标准制修订管理流程要求

结合国家标准和管网统一要求,对企业标准、作业指导书及主导国家标准、行业标准、地方标准、团体标准的内部管理流程进行梳理、分析和研究,研究各环节主要要求、责任角色、工作组构成和相应表单要求,主要流程如图 4-8 所示。

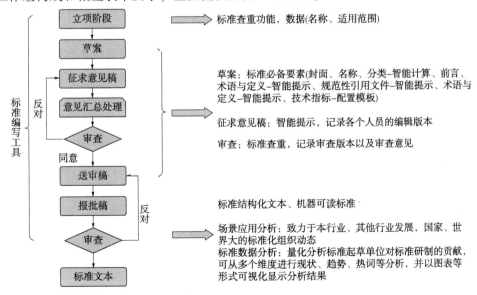

图 4-8 标准制修订管理流程

二、标准智能辅助编写的设计与实现

标准智能辅助编写的设计与实现包括基于大模型的智能文档处理（IDP）技术、标准在线协同编制技术以及标准编写智能提示技术。

（一）基于大模型的 IDP 技术

IDP 是利用人工智能技术，自动从复杂的非结构化和半结构化文档中抽取关键数据，并将其转换成结构化数据的技术。常见的文档包括纯文本、带格式文档和富格式文档三种类型，标准文档多见于后两种。

相较于纯文本和带格式文档，富格式文档更加复杂，除了各种形式的文本信息，还包含丰富的多模态元素，如表格和图片。富格式文档具有如下几个方面的特点：①多样性。富格式文档的多样性主要体现在格式、种类、内容和版式等维度。常见的格式有拍照图像、扫描件、可解析格式（如 PDF）等，版式包括固定、多版式和开放版式等类型。②多模态信息丰富性。富格式文档包含丰富的元素信息，如文字、标题、段落、表格、图表、印章、签名、页眉和页脚。③长短不一致性。从单张图片、单页文档到几十上百页的长文档，文档的长度通常跨度很大。以上富格式文档特点，增加了通用 IDP 系统的处理难度。

因此需要基于大模型实现富格式文档的智能化处理需求，所具备的能力包括：①具备多模态信息处理能力，由于文档本身多模态的特点，决定了 IDP 系统必须能够综合应用计算机视觉和 NLP 等技术，包括图像处理、OCR、表格识别、文档解析、文本分析、文本理解等，对于文档中的标题、段落、表格、图表、印章、签名等多模态信息进行识别、提取和进一步理解及分析；②具备领域样本高效学习能力，由于不同领域的文档特征差异很大，为了在领域数据上达到业务可用的精度要求，IDP 系统必须具备领域样本高效学习能力，能够生成优化后的模型，满足业务场景应用需求，为实际业务创造价值。

多模态能力和领域学习能力等方面的要求，决定了通用 IDP 系统是一个复杂的综合性软件系统，对于技术架构和系统设计提出了很高的要求。架构上，IDP 系统需要能够兼容各种深度学习框架，并能够对于各种预训练大模型、多模态预置模型和用户自训练的领域模型实现有效的模型治理。并且，能够以统一的模型能力层，向文档应用层提供接口，满足上层智能化应用的调用需求。图 4-9 是基于 LLM 的 IDP 系统模型技术栈。

（二）标准在线协同编制技术

1. 生成式关键技术

研究管网标准 AI 在线标准编写的关键技术，从封面、前言等要素及字体字号统一、文件表述一致性等对标准要素进行统一规范的要求，重点依据标准分类开展关键要素自动生成方式研究。具体包括：

AI 辅助标准编制的人机交互模式设计。AI 辅助人工协同编制标准，在交互方式上存在"推"与"拉"两种范式。我们将"推模式"定义为 AI 主动给用户提供建议，而用户选择是否接受它们。"拉模式"被定义为按用户请求的文本和辅助任务而生成。在本系统的设计中，将综合"推"与"拉"两种模式为系统编制提供辅助。

AI 辅助标准编制的操作，包括：构思，AI 可为标准编制提供思考方向，特别是在写作

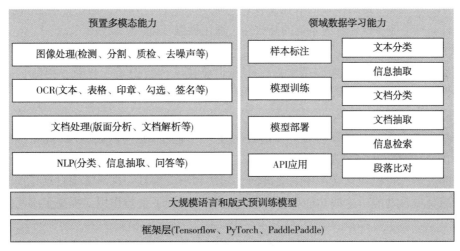

图 4-9 基于大模型的 IDP 技术栈

过程的开始，用户也可以通过为 LLMs 提供特定的提示来引导思考过程；延展，AI 可基于现有的文本段落进行构建，向段落的开头、结尾或中间添加内容；展开，AI 可以提供用户指定文本更多的细节，比如技术细节、参数细节、参考引用；重写，AI 可为选定的文本范围提供替代方案来重写文本，以更好地反映标准编制的写作需求与应用场景；摘要，对已经存在的各编制参与方所协作出来的标准内容进行快速摘要，对各协作方产生的评论与观点进行摘要；补全，根据既定的术语、知识、条款、惯用说法进行自动补全，提高编写效率；规范，为既定的编制任务提供模板，引导参与者合规，在内容完成后，按照既定的规则规范化内容检查；检查，针对文本进行语法、词汇、错别字、歧义等的语言类检查，对接主题词库，对内容消歧，使描述更加规范；搜索，在写作中会存在搜索专业内容的场景，为用户提供更加精细化的搜索，搜索内部知识库；提问，支持用户在编制过程中进行提问并给出领域内、主题相关、场景契合的答案；个性化推荐，结合标准编制的具体场景与所处的业务流程节点，为协作提供更加业务化的专家建议。

2. 协同编写关键技术

重点从在线立项协同、多人协同编写、在线征求意见协同、在线审查协同、实施意见采集等方面研究多人次协同处理的关键技术，解决在线实施同步的问题。

对接多元数据库，数据库中包含标准、题录、术语、指标、条款等多媒体数据；基于关键字实时检索到相关的标准，查看详情，快捷引用；版本自动比对、引用自动统计、标准自动关联等；变化提醒，在引用采用的外部标准发生变化时，会主动通知相关人员；及时采取修订标准、废止标准、同步更新企业内部和供应链技术文件等对应措施，避免人工跟踪的低效率和易出错；多方的人员参与标准编制时的权限管理、版本管理、在线协作、版本同步、全程留痕、人员互动与审批、统计汇总、溯源、防篡改；支持标准制定的全过程管理与支撑，含制定、复审、修订、宣贯、实施；标准文件的结构化与模板化；基于规则的合规审查、数据检查、技术参数检查、自动格式检查，错误提醒与统计分析；标准文件的可视化概览，如：知识图谱、关联关系，知识图谱展示了本标准关联的材料标准、测试标准、检测标准、认证标准以及各种试验和检测方法等；基于通用接口的数据交换，与业务系统进行知识沟通；标准解析器与标签，扫描标准自动打上业务标签，为系统的开放性、通用性做基础。

3. 辅助编写关键技术

根据编制过程确认规范性应用文件，实现主要技术内容查重、比对、提醒、验证等目的，结合标准知识体系研究应用的成果，研究不同应用技术，研究不同类型知识体系的数据构成。

NLP 技术是标准辅助编写领域的关键技术之一。通过 NLP 技术，计算机能够理解和分析人类语言，从而辅助编写人员快速生成符合规范的标准化文档。目前，NLP 技术已经取得了显著的进步，可以识别文本中的关键词、句法和语义信息，进而实现自动化摘要、文本分类、情感分析等功能。这些功能在标准编写过程中起到了重要作用，提高了编写效率和准确性。

主要满足用户在线协同编辑中的辅助生成机制，其典型场景如：确保标准的统一性，保证标准能够被使用者无歧义理解，保障结构、文体、术语的统一，避免由于同样内容不同表述而使标准使用者产生歧义，又如：结构的统一，保障编制的标准中的章、条、段、表、图和附录的排列顺序统一，与其他各个标准的结构尽可能相同。确保文体的统一，标准类似的条文应由类似的措辞来表达；相同的条文应用相同的措辞来表达。确保术语的统一，企业编制的标准对于同一个概念应使用同一个术语，对于已定义的概念应避免使用同义词。每个选用的术语应尽可能只有唯一的含义。再如：技术标准、管理标准、岗位标准的编写格式结合本企业实际和需要进行规定。

机器学习算法是标准辅助编写技术的另一大支柱。通过训练大量数据，机器学习模型可以学习并模拟人类专家的编写习惯和规则，从而实现对标准文档的自动化生成和优化。目前，深度学习等复杂算法在标准辅助编写领域得到了广泛应用，能够处理更为复杂和细致的编写任务。这些算法的应用不仅提高了编写效率，还使得生成的标准文档更加符合行业规范和实际需求。

为达成上述研究内容，研究协同编辑算法与生成式模型的融合机制；研究生成式模型的智能副驾（Co-Pilot）机制；研究多元数据融合标准协同编制平台功能框架及设计方案；在 B/S 模式下，基于关系数据库，利用多元数据的融合对历史数据实现智能化分类管理。运用神经网络算法对多维度元数据（如知识级、内容级等）进行相似度求解，并根据预测与加权平均法对结果进行排序，实现标准录入内容与动态求解的匹配；分析各类标准的结构框架和呈现方式，提炼出基于 XML 语言的标准框架通用特征。

知识图谱技术通过将实体、概念、关系等以图的形式表示出来，为标准辅助编写提供了丰富的知识资源。通过构建领域知识图谱，编写人员可以方便地获取相关的专业知识、术语和案例，从而更加准确地把握标准的内涵和外延。同时，知识图谱技术还可以帮助编写人员发现潜在的编写问题和漏洞，提高标准文档的质量和一致性。

随着人工智能技术的深入应用，标准辅助编写将实现更高程度的智能化。NLP、深度学习等技术不断进步，计算机将能更好地理解人类语言，实现更精准的语义分析和情感识别，标准辅助编写系统能够更准确地把握编写意图，生成更优质的标准化文档。随着用户需求多样化，标准辅助编写系统将更加注重个性化服务。通过分析用户的编写习惯、专业领域和实际需求，系统能为用户提供定制化的编写建议和模板，帮助用户更加高效地完成标准编写任务。同时，系统还可以根据用户的反馈和数据进行持续优化，提升用户体验感和满意度。标准辅助编写技术将与更多领域进行融合，形成跨领域的标准化解决方案。例如，在智能制造、智慧医疗等领域，标准辅助编写技术可以与工业自动化、医疗信息化等技术相结合，共同推动相关行业的标准化进程。

（三）标准编写智能提示技术

1. 标准辅助编制场景中大模型与知识图谱融合能力的嵌入

利用知识图谱与大模型各自的优势相互赋能，并结合应用系统的集成，实现两者技术的互补。利用知识图谱间的互联互通及大模型间的集成调度，实现融合后系统能力的持续增强。通过将知识图谱作为训练目标、模型输入、专门知识融合模块，增强大模型预训练效果；通过动态知识融合、检索增强的知识融合方法，增强大模型推理能力；通过基于知识图谱的探针、分析技术，增强大模型可解释性。通过将大模型作为编码器或者通过大模型的生成能力，增强知识图谱表征；将大模型作为解码器、生成器，作用于知识补全；利用大模型的生成能力，增强图谱构建，对图谱交互、图谱问答等任务提供支持和提升。将大模型与知识图谱进行统一表征，增强结果准确性；将大模型和知识图谱结合，运用于推理过程，缩小文本和结构信息之间的差距并提升推理可解释性，如图4-10所示。

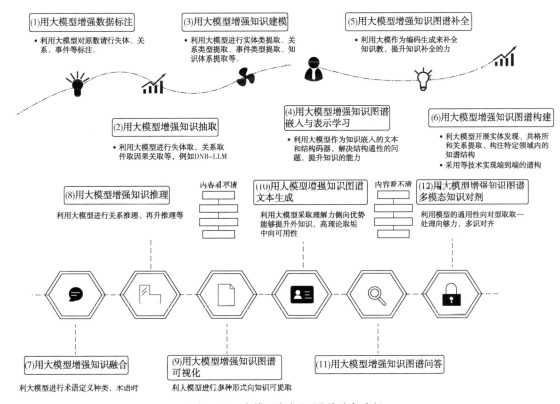

图4-10 大模型与知识图谱融合路径

除了上述大模型与知识图谱在体系角度的融合之外，针对大模型的业务化定制，还需要展开如下研究。

微调（Fine-Tuning）：使用下游特定领域的知识对基础模型进行微调，改变神经网络中参数的权重。业界已经有不少 ChatGPT 的平替方案都支持微调，比如：清华大学于 2023 年提出的 ChatGLM 支持中英双语，具有 62 亿参数，可以在消费级显卡上部署，INT4 量化级别下最低只需要 6GB 显存。Alpaca 是在 Meta 提出的 LLaMA 7B 模型基础上微调的结果。原生的 Alpaca 对中文的支持并不好，不过业界也已经做了些扩充中文词表的开源方案。

基于 Prompt 将特定领域的知识作为输入消息提供给模型。类似于短期记忆，容量有限，但是清晰。举个例子，给 ChatGPT 发送请求，将特定的知识放在请求中，让 ChatGPT 对消息中蕴含的知识进行分析，并返回处理结果。

与搜索结合，Fine-Tuning 和基于 Prompt 方式均存在缺陷，比如效率低下、数据不够精确、不能支持大规模数据量等问题。这里提出第三种方法，尝试克服这些困难，基本思想是：使用传统搜索技术构建基础知识库查询。好处在于：问答可控性更高一些，无论是数据规模、查询效率还是更新方式都可以满足常见知识库应用场景的需要，技术栈成熟，探索风险低。使用 LLM 作为用户和搜索系统沟通的介质，发挥其强大的 NLP 能力：对用户请求进行纠错、提取关键点等预处理实现"理解"；对输出结果在保证正确性的基础上二次加工，比如概括、分析、推理等。Lexical-based search 通过归一化、拼写纠错、扩展、翻译等方式对查询请求中的词进行替换。性能好、可控性强，尽管存在一些语义鸿沟问题，但仍被广泛地应用在现有的搜索引擎架构中。Graph-based search 以图的形式描述知识点以及相互间的关系，然后通过图搜索算法寻找与查询请求匹配的结果。Embedding-based search 将文字形式的查询请求，编码为数值向量的形式，体现潜在的关系。

2. 融合多元数据的综合推理引擎构建

基于知识图谱、大模型、知识库、思维链、业务规则，进行综合性的推理，推理内容与业务流程相融合，推理库具备动态更新能力，推理能力具有多模态能力。确保推理内容的一致性、统一性、丰富性、完备性。进行基于大模型思维链与知识图谱的推理机制研究。

2021 年，提示学习（prompt learning）浪潮兴起，而早在 2020 年，OpenAI 就在论文 *Language Models are Few-Shot Learners* 中提出了如何使用 prompt learning 提升大模型的推理能力。论文中提出了 Zero-shot、One-shot、Few-shot 三种不同的 prompt 方法。

思维链（CoT）提示过程是一种最近开发的提示方法，它鼓励大语言模型解释其推理过程。思维链的主要思想是通过向大语言模型展示一些少量的样例，在样例中解释推理过程，大语言模型在回答提示时也会显示推理过程。这种推理的解释往往会引导出更准确的结果。语言模型很难将所有的语义直接转化为一个方程，因为这是一个更加复杂的思考过程，但可以通过中间步骤，来更好地推理问题的每个部分。思维链提示就是把一个多步骤推理问题，分解成很多个中间步骤，分配给更多的计算量，生成更多的 token，再把这些答案拼接在一起进行求解。零样本思维链（Zero Shot Chain of Thought，Zero-shot-CoT）提示过程是对 CoT 的后续研究，引入了一种非常简单的零样本提示。他们发现，通过在问题的结尾附加"Let's think step by step"这几个词，大语言模型能够生成一个回答问题的思维链。从这个思维链中，他们能够提取更准确的答案。从技术上讲，完整的 Zero-shot-CoT 过程涉及两个单独的提示/补全结果。在图 4-11 中，左侧生成一个思维链，右侧接收来自第一个提示(包括第一个提示本身)的输出，并从思维链中提取答案。第二个提示是一个自我增强的提示。自洽性方法(Self-consistency)是对 CoT 的另一个补充，它不仅仅生成一个思维链，而是生成多个思维链，然后取多数答案作为最终答案。

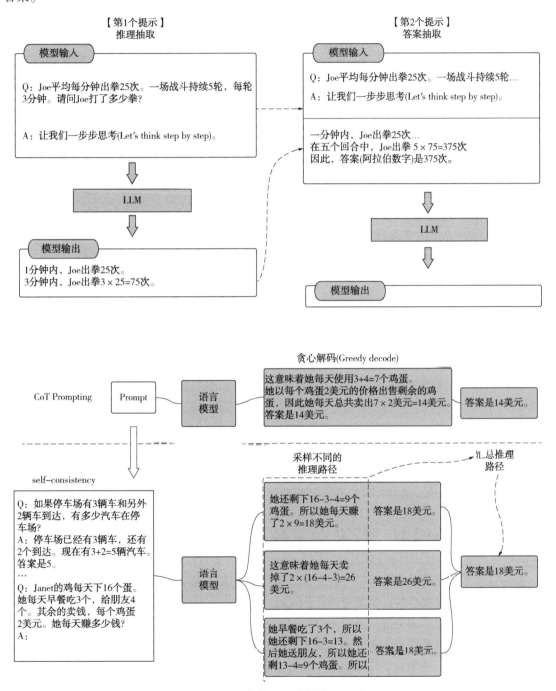

图 4-11　大模型思维链推理机制

不过，在油气管道行业，推理具有若干特征。如在调度、运检、安质等业务领域中存在着丰富的 if-then 规则信息，不宜利用领域知识图谱表达。特别是对于 if A and B then C 等并发事件规则，其条件部分的子表达式之间的关系可以出现部分极为复杂的情况，利用领域知识图谱难以表达。解决方案有两种，第一种方案是，改变这个知识图谱的 schema，让两个起点一个终点的这种情况变成从一个起点出发，必须过某种属性的一个节点，最终到达终点，这样就把刚才说的 if A and B then C 变成了 if A and B are confirmed then C 这种方式。第二种方案是，不去做最优路径搜索，而是做图结构分析，或者图分类任务。

综上，综合运用大语言模型、知识图谱的推理技术，可以实现标准协同编制中的智能化、专业化、场景化推理能力。

（四）标准协同编制平台功能概述

标准数字化智能编写功能不仅能够满足用户对定义标准结构化模板、编制说明结构化模板和全结构化编写的需求，而且支持图片、表格、公式、超链接等富文本形式，同时具备协同编制、智能提示和数字化指标加工等功能。

1. 协同编制功能

指多个人或者团体组织在编写标准文本时可以通过平台进行协同编写，可以对标准文本进行批注、提问、相似度比对、指标加工、添加术语和规范性引用模板等，提供版本比对、版本回退等版本管理操作。

2. 智能提示功能

指在标准编制过程中，根据用户输入的标准中文名称，根据形成的 ICS 分类号，抽取相关标准下的规范性引用文件生成规范性引用文件列表。根据输入的中文术语，自动生成可参考术语，包括：英文术语、术语和定义、来源标准、来源章节以及术语标注。

3. 数字化指标加工功能

指用户在撰写形成的标准文本后可以直接生成结构化的数字化标准，同步完成标准段落内容结构化和指标组织等相关加工，便于后续标准的多模式检索、内容对比分析和可视化统计分析等应用。

此外，提供标准模板的导入导出，一方面，按照用户填写的标准信息，自动生成标准的 Word 模板，生成的标准符合 GB/T 1.1—2020 要求；另一方面，可以直接导入模板，自动生成体例和内容，提供标准编辑区，可以有效提高标准编制的效率和质量。

第四节　标准题录数据多维度分析技术

标准题录数据的多维度分析技术，在油气管道行业中展现出三大核心重要性：①极大地深化了我们对标准的全面理解，从制定背景到实际应用，为标准化工作提供了高效定位与精准指导；②该技术通过整合多渠道信息，实时洞察行业科技动态与标准发展趋势，为行业参与者揭示了关键推动力量并预测了未来方向，赋予了他们前瞻性的竞争力；③将复杂数据转化为直观图表，促进了信息的透明共享与行业协作，为企业、研究机构及政府等利益相关方科学制定策略、优化资源配置提供了有力支持，共同驱动油气管道行业的持续繁荣与创新。

在深入探讨标准题录数据多维度分析技术的广泛应用与价值时，我们不得不提及其在标准应用场景分析中的关键作用。作为该技术的一个重要组成部分，标准应用场景分析不仅能够帮助我们更全面地理解标准在不同实际场景下的应用情况，还能为标准的制定、修订及推广提供有力的数据支持和决策依据。

一、标准应用场景分析要求

（一）跨学科技术支持

标准应用场景分析技术涉及多学科领域，如计算机科学、数据科学、心理学、社会学等。随着大数据、人工智能等技术的快速发展，标准应用场景分析技术不断成熟。通过收集和分析大量数据，该技术能够更准确地模拟和预测产品或服务在不同场景下的表现。

（二）广泛应用领域

该技术已广泛应用于学术论文、新闻、社交媒体等多个领域，并在新兴领域中展现出越来越重要的作用。具体应用场景包括但不限于以下几个方面。

1. 论文引用分析

论文是科学或者社会研究工作者在学术书籍或学术期刊上刊登的，用来进行科学研究和描述或呈现自己研究成果的文章。标准文献被论文引用，可以在一定程度上体现标准文献的学术价值和标准起草单位的贡献价值。故本系统利用万方文献数据库，对期刊中的参考文献进行收集，并对结果进行匹配和比对，筛选出其中引用了标准文献的记录，统计其结果。包括：标准名称和标准号搜索、不同领域下标准引用论文分析、不同时间段论文引用标准分析、标准被引用详情统计。

2. 新闻引用分析

新闻是记录社会、传播信息、反映时代的一种文体。它是用概括的叙述方式，以简明扼要的文字，迅速及时地报道附近新近发生的、有价值的事实。标准文献被新闻引用可以提高公众对标准文献的认知度、提高标准的影响力，故本系统将采集新闻对标准文献的引用数据，将其作为评价标准文献的一项重要指标，包括：标准名称和标准号搜索、不同领域下标准引用新闻分析、不同时间段论文引用新闻分析、标准被引用详情统计。

3. 知乎引用分析

知乎是网络问答社区，连接各行各业的用户。用户分享着彼此的知识、经验和见解，为中文互联网源源不断地提供多种多样的信息。用户围绕着某一感兴趣的话题进行相关的讨论，同时可以关注兴趣一致的人。对于概念性的解释，网络百科几乎解答了你所有的疑问；对于发散思维的整合，是知乎的一大特色，包括：标准名称和标准号搜索、不同领域下标准被知乎引用分析、不同时间段知乎引用标准分析、标准被引用详情统计。

4. 微信引用分析

微信公众号是开发者或商家在微信公众平台上申请的应用账号，该账号与 QQ 账号互通，通过公众号，商家可在微信平台上实现和特定群体的文字、图片、语音、视频的全方位沟通、互动，形成了一种主流的线上线下微信互动营销方式。2018 年 3 月腾讯宣布微信月活跃用户超过 10 亿，微信公众号的大众传播能力不言而喻，包括：标准名称和标准号搜索、不同领域下标准被微信引用分析、不同时间段微信引用标准分析、标准被引用详情统计。

5. 博客引用分析

新浪博客是中国门户网站之一新浪网的网络日志频道,新浪网博客频道是全国最主流、人气颇高的博客频道之一,拥有娱乐明星博客、知性的名人博客、动人的情感博客,草根博客等。时至今日,博客已被越来越多的人熟知和使用,包括:标准名称和标准号搜索、不同领域下标准被博客引用分析、不同时间段博客引用标准分析、标准被引用详情统计。

(三) 知识图谱与实体画像

以标准详细信息为中心,以通过用户的标准搜索为主线,实现起草单位、起草人、归口单位、标准分类、国别等实体基于知识图谱的下钻,进行各类实体画像的构建,并形成实体画像报告,支撑标准大数据贡献指数报告的生成。

(四) 可视化展示与高效检索

对标准知识图谱中实体的各类信息建立不同的索引,运用高效可靠的检索引擎管理图谱中各类实体及其关联关系,做到对知识图谱数据的高效检索。

对检索命中结果,做可视化展示。

运用柱状图、网络图、散点图、地图和弦图等多种形式的图片,直观形象地描述分析统计结果、知识图谱中实体的详细信息以及实体与实体间的关联关系。

(五) 技术发展趋势

技术智能化水平提升。通过机器学习、深度学习等算法,系统能够自动识别和提取关键信息,对复杂场景进行高效分析,并提供智能化的决策支持。这将使得分析结果更加准确、可靠,同时提高分析效率。

跨领域融合趋势显著。标准应用场景分析技术将与更多领域进行融合,形成跨领域的综合分析解决方案。

二、标准题录数据多维度分析的设计与实现

(一) 标准题录数据多维度分析内容

标准文献资源包括标准文献的归口单位、起草单位、标准文献分类、标准文献国别、文献起草时间等多种维度的数据,系统需要从多个维度对标准文献数据进行统计和分析。

1. 起草单位分析

起草单位分析入口,包括整体分析、地区分析、类别分析、个体分析、排行榜等。

2. 整体分析

标准文献资源包括多种维度的数据,系统需要从多个维度对标准文献数据进行统计和分析。其功能包括 2001—2018 年国家标准研制贡献指数的整体变化趋势分析、起草单位数量累计百分比和国家标准研制贡献指数百分比统计分析,也可以选择不同时期(十五、十一五、十二五、十三五)或者不同年份(2001—2018 年)分别进行统计分析。

3. 地区分析

可以针对特定领域、特定省份单独进行分析;可以针对一个省份单独统计出该省份的详细信息,以及各个数据的分布情况。能够以更加直观的方式展现出数据的各种维度信息,可

以查看各个地方数据的分布情况，更加多维度、多元化地展示统计分析结果。其功能包括各省起草标准情况对比分析、各省国家标准研制贡献指数比重与增长率情况分析、各省国家标准研制贡献指数排名与 GDP 排名对比情况、省份起草标准分析、各城市起草标准情况对比、省份起草标准热词展示、省内的起草单位排名并展示、城市起草标准分析、城市起草标准热词展示、城市内的起草单位排名并展示。

4. 能力评价

研究如何根据现有标准资源和数据，进行多维度的分析，制定能力评价的指标体系，实现各省、城市或者企业的能力评价模型和排名等。其功能包括计算各单位的国家标准起草贡献指数、选择不同时期查看国家标准起草单位排名数据、选择企业或非企业类型的起草单位查看排名数据。

5. 起草单位类别分析

起草单位主要可以分为五个类别：政府机关、企业、专业研究院所、学校和学/协会，通过对不同类别的起草单位进行统计分析，能够展示不同类别起草单位起草国家标准的对比情况和变化趋势。其功能包括查看各类别起草单位研制国家标准对比情况、查看各类别起草单位研制国家标准趋势变化。

6. 起草单位详细分析

多维度统计分析起草单位研制国家标准的情况，分析起草标准热词和合作密切的共同起草单位，并结合百科、专利、论文、项目信息，多角度展示单位的能力情况。包括以下内容：起草单位国家标准研制贡献指数的变化趋势、起草标准热词分析、合作最密切的相关起草单位分析、研制国家标准列表展示、百科基本信息和图片展示、相关专利信息、相关论文信息、相关项目信息。

7. 对比分析

为了便于比较不同地区或不同起草单位的标准研制能力，提供方便的对比分析功能，对比两者的起草国家标准能力和热词等。包括以下功能：可以选择两个城市或省份进行对比，可以选择两个不同的起草单位进行对比，起草国家标准趋势对比，主导、主持、参与起草的国家标准数量对比，起草国家标准的热词对比。

8. 排行榜

对起草单位起草能力、起草数量、参与度等维度的排名。可结合地区分析、时序分析，分区域和时间展开统计。

（二）标准应用场景分析工具设计与实现

1. 引用分析

新闻在互联网上分布很广泛，若针对各个新闻源编写程序去采集工作量会非常大，故本系统使用搜索引擎对新闻引用数据进行采集。

在浏览了许多主流新闻源的搜索服务后，本系统决定对于站内搜索服务好的新闻网站，使用它的站内搜索服务得到新闻，如新浪的新闻直接使用新浪新闻搜索。其他的新闻网站，则指定它们与新闻有关的域名使用普通的网页搜索得到新闻。如搜索搜狐的新闻，就指定 news. sohu. com、business. sohu. com、society. sohu. com、it. sohu. com 等众多搜狐与新闻有关的域名，使用百度的网页搜索功能得到新闻。

对于百度的站内搜索 API，找到其请求的 URL：http：//www.baidu.com/s，请求参数如表 4-5 所示。

表 4-5　参 数 详 情

参数名	解　　释	参数名	解　　释
wd	搜索关键字	ct	与 si 搭配使用，值固定为 2097152
si	待搜索的站点	rn	每页显示的结果条数，最大为 50

通过请求上述的 URL，就可以得到搜索结果了，只要对结果页翻页，就可以遍历全部结果。但百度搜索的结果存在一些不如意的地方：

（1）百度有可能会对搜索内容进行分词，这导致搜索出的结果与需求不符合。

（2）搜索结果是相关结果，但未在摘要处标注出来。

（3）搜索出大量结果，但与关键字全无关系。这在标准号字长较短时常见，处理它们会浪费很多不必要的时间。

（4）仅前几条搜索结果符合要求，但之后存在数十页不符合要求的结果。同样会浪费不必要的时间，非常影响性能。

综合以上几点不足，本程序将运用以下几条规则去筛选新闻：

（1）搜索结果逐页检查判断。

（2）检查摘要中是否包含被搜索的标准号，若包含就将新闻储存，若不包含就通过百度快照继续检查该条结果的原文中是否包含被搜索的标准号。

（3）若搜索结果的第一页前十条都是不匹配的新闻，那么将视为本次搜索结果为 0，不再检查剩余的搜索结果。

（4）若搜索结果的其中一页中，整页都没有匹配的新闻，那么将不再翻页。

百度搜索采集新闻数据的程序，其关联关系如图 4-12 所示。

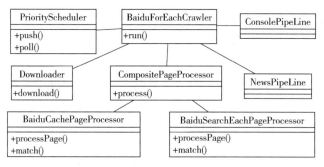

图 4-12　关联关系

BaiduForEachCrawler 是程序的主入口类，内部拥有一个私有的 Spider 对象，用来调度 Webmagic 各个模块。运行时，BaiduForEachCrawler 首先会调用 JPA 的接口，从数据库查询未被收集的标准号及待搜索的制定站点。其次根据标准号和站点将百度搜索的 URL 构造好。最后将 URL 集合传给 Spider 对象并启动数据收集程序。

由于标准数量很多，一次性构造好全部的 URL 将给内存带来巨大的压力，且非常没有必要，故程序会分批从数据库中查询未被收集的标准来处理。

PriorityScheduler 是 Webmagic 自带的 URL 下载队列管理器，它可以按照提前给请求设置的优先级去管理 URL，使得程序会优先下载处理优先级高的 URL。

Downloader 是使用 Webmagic 自带的 HttpClientDownloader，实现下载页面的功能。

CompositePageProcessor 是 Webmagic 自带的类，并不真正处理下载的页面信息，而是将下载的页面根据规则分发给实现了 SubPageProcessor 接口的类去处理。

BaiduSearchEachPageProcessor 实现了 SubPageProcessor 接口被 CompositePageProcessor 管理，处理所有显示百度搜索结果页面。它会将页面内容做处理分析，将匹配的新闻信息抽取出来并保存，实现翻页的功能，将页面中下一页的 URL 加入下载队列，以用于遍历检查所有搜索结果。

根据总体设计中发现的百度搜索的特点，对于搜索结果标题和结果不匹配的条目，不能直接认定其不是我们想要的新闻，故程序会将百度快照的 URL 添加到下载队列以实现更加精确的检查。设置百度快照的 URL 优先权高于百度搜索的优先权，这样可以将处理过程中新生成的任务尽快处理掉，防止 URL 下载队列可能出现体量过大的问题。这也是在本程序中使用 PriorityScheduler 这种特殊 URL 管理器的原因。

BaiduCachePageProcessor 同样实现了 SubPageProcessor 接口，被 CompositePageProcessor 管理，它将处理所有显示百度快照的页面。若对百度快照的内容全文查找关键字，效率会非常低。为了提高其运行效率和准确率，程序会将百度快照页面中<b>标签的上一级父节点选择出来。使用 Map 结构存放父节点信息，统计这些父节点中包含的<b>标签的数量。由于含有<b>标签数目多的父节点中会有更大概率出现检索词，故程序会根据<b>标签的数量从多到少依次检查这些父节点中是否存在我们搜索的关键字。若存在关键词，则抽取其中信息，保存下来，后续供 PipeLine 处理。

ConsolePipeLine 是 Webmagic 自带的 PipeLine 接口的实现，用于将抽取到的结果输出的控制台显示，这里使用它是为了 Debug 的方便。

NewsPipeLine 为实现 PipeLine，使用 JPA 框架，调用其中的 JpaRepository 接口，将新闻保存到 MySQL 数据库中。

由于在百度收集数据的搜索结果的 URL 格式都是如 https：//www.baidu.com/link？url=××××，并非网页原来的 URL，所以要做地址转换，将百度的地址转换为网页原始的 URL。

在运行完百度搜索采集新闻的程序后，已经得到了对标准文献引用的新闻了，但是这些新闻的 URL 全部是百度的链接地址，访问它们时，浏览器会先请求百度的服务器，之后根据请求重定向到新闻原始的地址。

为得到新闻原始的地址，最简单的方法就是使用 Selenium 这类自动化测试工具，使用浏览器逐个访问新闻的 URL 得到原始地址。但这种方式非常耗时也非常浪费资源。故尝试利用抓包软件分析，找到百度服务器返回的重定向信息，之后编写数据收集程序，逐个请求新闻的重定向信息即可。重定向的信息相比整个页面的内容体积要小得多，使用 Webmagic 收集数据的速度也比 Selenium 快许多，是一种相对更好的方案。

使用抓包软件分析百度转换地址的过程可以发现，百度的链接可分为两种情况：

（1）链接中仅有 URL 一个参数，形如 https：//www. baidu. com/link? url=××××。请求这个地址，百度的服务器会返回 302 重定向，在 Respons 的 Header 中 Location 字段会给出真实的 URL。

（2）链接中包含 URL、wd、eqid 三个参数，形如 https：//www. baidu. com/link? url=××××&wd=&eqid=×××××。请求这个地址，百度会返回一个 html 页面，在头部信息中，使用 http-equiv="refresh" 的方式使得页面重定向到页面的真实 URL。

BaiduURLConverter 为主程序的入口，它内部拥有一个私有的 Spider 对象，用来调度 Webmagic 各个模块。运行时，BaiduURLConverter 首先会调用 JPA 的接口，从数据库查询出需要转换原始地址的 URL，并将它们传给 Spider 对象并启动数据收集程序。

MyDownloader 用于收集 URL 的下载，修改自 Webmagic 自带的 HttpClient Downloader，可以接收 302 状态码的页面，不会自动做页面的重定向，而是直接将重定向的信息传给数据收集程序。

Scheduler 使用了 Webmagic 自带的 Scheduler，它不会像 PriorityScheduler 那样根据优先级去管理 URL，而是简单地按照队列先进先出的原则去管理。

UpdateURLPipeLine 用于将得到的新闻原始的 URL 存入数据库，去替换之前从百度搜索得到的链接。

由于待分析的标准超过 10 万条，选取的新闻站点 73 个，任务量非常大，为了加快数据收集速度，可以给程序设置更多的线程去处理，但过高的并发量又会导致网络带宽不够用或被百度封 IP。所以，为了更加科学高效地完成数据收集工作，要使用一种分布式策略，使用多台计算机、多个 IP 收集数据。

本程序将配套的数据库系统部署到拥有公网 IP 的阿里云服务器上，这样处在互联网内的计算机都可以从云服务器上读取未被收集的数据的标准，达到了分配任务的目的，分布在每台计算机上的数据收集程序分批从云服务器上的数据库中读取数据。为了防止标准被重复收集，并观察标准被收集的情况，给每一个分布式数据收集程序一个唯一的标识符，并在数据库的标准表中新增一个字段，记录当前数据收集情况，若某条标准未被收集，则该字段值为 null，若正在被收集，则该字段值为处理该标准的程序的标识符；若标准已经被处理，则该字段的值设置为"finished"。分布式数据收集任务处理流程如图 4-13 所示。

在多个数据收集程序从云服务器读取标准数据时，可能发生多个程序读取同一条标准的冲突，故在程序每次对标准进行操作时，加入同步锁，防止冲突的发生。在使用 Spring-Date-Jpa 处理

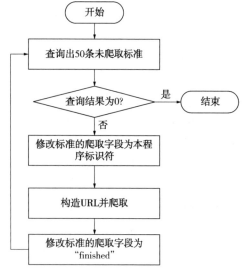

图 4-13　分布式数据收集任务处理流程

时，将需要同步锁的逻辑代码封装为一个独立方法，方法名加入 @ Transactional 注解即可。

2. 社交平台数据收集

在构建数据收集系统时，我们专注于从微信公众号、知乎以及博客平台（如新浪博客）获取数据。这些数据通过搜狗搜索引擎的高级搜索功能进行访问，搜狗为我们提供了访问这些平台内容的便捷途径。

类似于我们之前处理百度搜索新闻数据的方式，我们首先构造了精确的查询请求 URL，随后逐一访问这些 URL 以检索相关的内容页面。整个数据整合流程的结构化设计确保了高效性和可扩展性，如图 4-14 所示。

在这个流程中，核心组件 Crawler 充当了主程序的入口，它的内部包含了一个私有的 Spider 对象，负责调度 Webmagic 框架的各个模块。

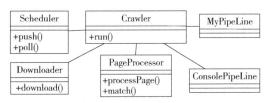

图 4-14 社交平台数据收集类

当程序启动时，Crawler 会通过 JPA 接口从数据库中分批检索出特定的标识符（标准号），随后根据搜狗搜索的 API 规范，为每个标准号生成相应的搜索 URL，并将这些 URL 传递给 Spider 对象以启动数据提取过程。

为了管理待提取的 URL 列表，我们采用了 Webmagic 自带的 Scheduler，它遵循先进先出的原则，确保数据提取的有序进行。在数据下载环节，我们利用了 Webmagic 的 HttpClient Downloader 下载器，但鉴于搜狗对访问频率的严格限制，我们引入了动态代理机制来规避 IP 封禁问题。

动态代理是一种由第三方网络服务提供商（如阿布云）提供的服务，它允许我们的请求先通过代理服务器转发，代理服务器拥有多个 IP 地址和服务器资源，能够随机分配 IP 来发起请求，从而隐藏了原始请求的来源信息，实现了高度的匿名性。这样，原本可能由单一 IP 发起的大量请求，在搜狗服务器看来就像是来自多个不同 IP 地址的访问，有效避免了触发服务器的保护机制。

在成功配置了阿布云的 HTTP 隧道服务后，我们将下载器的代理设置指向了阿布云的服务器地址（http-dyn. abuyun. com，端口 9020），并在发送请求时，通过 base64 加密的方式将 HTTP 隧道的认证信息添加到请求头部，以确保代理服务的正常使用。这样，我们的系统就能够顺利地从搜狗服务器获取搜索结果页面，并提取出与标准文献相关的引用数据。动态代理服务的部署结构如图 4-15 所示。

对于搜索结果的处理，我们根据知乎和微信公众号搜索结果页面的特定结构，编写了相应的数据提取逻辑，并将提取出的数据封装成便于后续处理的格式。同时，我们还实现了翻页功能，以遍历所有搜索结果。值得注意的是，当遇到搜索结果超过 100 条的情况时，由于搜狗的限制，我们只能获取并保存前 100 条

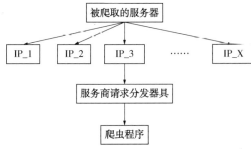

图 4-15 动态代理服务的部署结构

结果，并记录页面显示的搜索结果总数作为该标准文献的引用次数。

在数据整合与提取的过程中，我们使用了与百度搜索新闻数据类似的数据处理管道（PipeLine）。MyPipeLine 负责将提取出的引用数据存入 MySQL 数据库，而 ConsolePipeLine 则用于在控制台打印程序的运行状态，便于调试和实时监控。

对于新浪博客的数据提取，我们同样利用了其站内搜索引擎的特性，编写了针对性的数据提取逻辑，并同样采用了动态访问代理机制来避免 IP 封禁问题。这样，我们就能够全面、高效地整合来自多个社交平台的数据资源。

3. 论文数据收集

论文数据收集模块用于获取论文的参考文献部分。首先需要收集万方的期刊列表，以获取所有期刊的 URL。其次访问所有的期刊 URL，以获取每个期刊下所有论文的 URL。最后通过论文的 URL 提取参考文献列表。最简单的方法是直接访问这些 URL 并从页面中提取参考文献的信息，但页面包含的信息往往繁杂且多为无用，系统需要的只是其中的参考文献信息。在使用抓包工具分析详情页面的网络请求后，我发现万方查询参考文献的 API。该 API 需要论文的 ID 参数，以返回该论文所有的参考文献，而论文的 ID 正好包含在详情页面的 URL 中。因此，程序需从论文的 URL 中提取出论文的 ID，构造 API 查询。逐个访问这些 URL，就可以获取论文的参考文献。

数据收集的结构与运行流程和上文提到的程序类似。

4. 标准主题分析

该模块的目标在于分析出各个标准分类类别下标准文献的主题词集合，用于在最终的前端展示页面中以词云图的方式直观展示给用户某一类标准的主题。在本模块中，使用 LDA 主题模型实现主题词分析。

LDA 模型是潜在的狄利克雷分配，也是目前比较常用的主题模型，此模型是 Blei 在狄利克雷过程的基础上提出的一种概率生成模型。LDA 是一种无监督学习的模型，主要是根据词汇间的出现关系来发现主题，所以 LDA 在进行主题划分时，也就是将出现频率较高的词汇汇聚在一起。因此 LDA 也可算是一种词袋模型，即不考虑词汇顺序对语义的影响，假设一篇文档为单词的无序组合，且词与词之间是独立的。LDA 是一种三层贝叶斯模型，它描述了文档、主题、词汇间的关系，即将每篇文档表示为各个主题的概率分析、将每个主题表示为各个词的概率分布，其拓扑结构如图 4-16 所示。

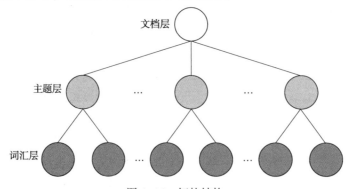

图 4-16 拓扑结构

使用 LDA 主题模型分析，我们只需要提供文本即可，不需要提供额外的参数，即可分析得出文本的主题。

由于 LDA 是针对词进行分析的，故我们在分析之前，必须将文本分割成若干个独立的词而非句子。在查询出一个领域下所有标准的名称及其引用后，本系统使用了 ansj_seg 这个开源的分析工具，遍历查询到的标准集合，将该领域分类下所有的单词输入同一个文件中保存。

在做分词处理时应该注意有些单词对于主题的描述是无意义的，如常见的连词、代词、方位词等。这些词成为停用词，在使用分词工具时要设置一个停用词集合，使得分词的输出结果不再含有停用词，让后续的 LDA 分析不受停用词干扰，结果更加准确。

在 LDA 分析程序方面，本系统采用了开源的 LDA4j 工具，它将读取之前分词工具的输出结果文件，在为程序设置好主题数量和每个主题下主题词的描述数量后，便可得出在某一领域分类下的主题。主题通过主题词及其权重参数来表述，将得到的主题词及其参数通过 Spring-Data-Jpa 存入数据库中，供日后 web 应用程序展示。表 4-6 展示了电子元器件与信息技术领域的主题分析结果。

表 4-6　电子元器件与信息技术领域的主题分析结果

主题词	权　重	主题词	权　重
电子	0.02340695503265009	协议	0.009150272857629175
软件	0.017464951463321554	数字	0.009129640900791243
服务	0.016144506225693002	接口	0.00902648111660151
网络	0.0099549191743091	连接器	0.008324994584111319
结构	0.009624807864901943	环境	0.007871091533676499

5. 引证数据统计与分析

在编写数据收集程序收集完原始数据之后，要对数据进行整理并进行分析统计工作。

从数据收集程序运行机制方面考虑，当遇到错误时会重新收集页面，难免会收集到重复的内容。从搜索引擎的特性上考虑，有时返回的搜索结果也会包含重复的内容，所以需要再对引用数据做去重处理。

由于引用数据量很庞大，将其从数据库读出做判定再删除数据库中重复的记录，这样的操作非常耗时，对计算机的处理能力也是不小的挑战，故应采用在数据内部进行去重处理，通过编写 SQL 语句实现。

基于数据库中对引用数据表的设计，可以分析出，若存在两个记录拥有相同的 URL 和引用标准号（a100），那么这两个记录则视为重复。根据上述规则，将数据使用 Group By 关键字按照 URL 和 a100 字段分组，并使用 Having 关键字使用组内聚合函数 COUNT( ) 查询出组内数目大于 1 的记录就是重复的记录。

在得到了重复的全部记录后，系统需要在每组记录中仅保留一条，删除其余的条目，即完成了去重的工作。对于保留记录的选择，本系统选取 id 最大的记录，由于主键设置为自增，这种策略会保留最后一次存入的记录，删除之前的记录。

针对数据库类型，因为 MySQL 数据库不支持修改正在查询的表，所以需要对查询操作套用一层 SELECT 查询操作，作为建立的临时表。

在对引用数据完成去重工作后，就可以得到标准文献在不同平台下的引用数目了。对于新闻、知乎、微信、博客和微信公众号的引用数据，由于从互联网上采集到的数据全部是对标准文献的引用数据，故直接在数据库内运行编写的 SQL 语句，得到统计结果。

论文数据的统计工作相对较困难，因为之前数据收集程序收集了论文的所有引用数据，并不仅仅是标准文献的，所以处理论文的引用数据，要先从收集的参考文献中筛选出对标准引用的数据。

由于标准文献超过 10 万篇，论文的引用数据超过 2000 万条，如果直接通过连接表的方式查找引用数据，数据量将非常大，处理的工作量也会成倍地增加。

所以本系统在筛选标准文献时，采用分层的结果。初步处理中，先遍历论文引用数据，将参考文献标题中包含标准代号（如 GB、AQ 等）的记录先筛选出来，利用这种初步筛选的过程，可以过滤掉大量不存在对标准引用的论文引用数据，接下来再对初步筛选的集合做更加细致的筛选判断工作。通过判断参考文献中是否存在某一标准号，确定参考文献是否引用了标准文献，并将存在引用的数据保存在另外建的数据库中。

6. 引证展示

为了更好地提高项目的复用性，降低项目的维护成本，尽可能地实现高内聚、低耦合的目标，在数据展示部分的前端采用 Angular 5 框架搭建，服务端采用 SpringBoot 框架实现，达到了前后端分离的效果。展示数据时，前端程序给服务端程序发送 HTTP 请求，服务端程序会将相应的数据封装为 JSON 返回给前端去展示。

使用 Angular 5 框架搭建前端页面，并使用 Google Material Design 使页面的功能更加丰富。Angular 是一个用 HTML 和 TypeScript 构建客户端应用的平台与框架。Angular 本身使用 TypeScript 写成。它将核心功能和可选功能作为一组 TypeScript 库进行实现。Angular 应用主要由模块、组件、服务三种元素组成。定义了 NgModule 为 Angular 应用的模块。NgModule 为一个组件集声明了编译的上下文环境，它专注于某个应用领域、某个工作流或一组紧密相关的能力。NgModule 可以将其组件和一组相关代码（如服务）关联起来，形成功能单元。每个 Angular 应用都有一个根模块，通常命名为 AppModule。根模块提供用来启动应用的引导机制。一个应用通常会包含很多功能模块。本应用中由于采用了 Google Material Design 的设计风格，而在根模块中引入了许多用于实现 Google Material Design 组件功能的 NgModule。此外还有实现页面导航路由功能的 RouterModule 等。

组件定义视图。视图是一组可见的屏幕元素。每个 Angular 应用都至少有一个组件，也就是根组件 AppComponet，它会把组件树和页面中的 DOM 连接起来。每个组件都会定义一个类，其中包含应用的数据和逻辑，并与一个 HTML 模板相关联，该模板定义了一个供目标环境下显示的视图。

HTML 模板与组件关联，模板会把 HTML 和 Angular 的标记（markup）组合起来，这些标记可以在 HTML 元素显示出来之前修改它们。模板中的指令会提供程序逻辑，而绑定标记会把你应用中的数据和 DOM 连接在一起。在视图显示出来之前，Angular 会先根据应用数据和逻辑来运行模板中的指令并解析绑定表达式，以修改 HTML 元素和 DOM。Angular 支持双向数据绑定，这意味着 DOM 中发生的变化（比如用户的选择）同样可以反映到程序数据中。

服务为组件提供一些特殊的功能，与特定视图无关并希望跨组件共享的数据或逻辑，可以创建服务类。服务类的定义通常紧跟在"@ Injectable"装饰器之后。该装饰器提供的元数据可以让服务作为依赖被注入客户组件中。在本程序中，设计的服务用于向服务端程序发送 HTTP 请求，并接收响应的数据，用于组件的展示。

在本前端程序中，根组件包含了前端页面中共用的导航栏，并使用了 Google Material Design 的 sidenav 组件来布局，它实现了侧滑导航列表的功能，会在需要展示的时候打开，用于切换展示内容。页面中的其他区域被 Router 模块控制，此区域的内容会根据 URL 的不同而导航到不同的组件，显示不同的内容。

为了实现页面功能，从服务端得到需要展示的数据，需要设计一些服务类用于与服务端的通信拉取数据，本系统中设计有 StandardService、HotService、CitationService 三个服务类。StandardService 用于请求标准有关的数据；HotService 用于请求与热点分析有关的数据；CitationService 用于请求与引用有关的数据。

主页作为程序的入口，以一个美观的方式展示本系统的标题、LOGO 以及一些系统的主要内容及信息。它由 HomePageComponet 组件来控制和实现，没有与后台通信的功能，只是添加了一些 Google Material Design 的动画。

标准检索页面为用户提供检索标准的功能，由 ListComponet 组件控制和实现，该组件依赖 StandardService 服务类，通过与服务端程序通信，得到标准信息并展示到页面中。ListComponet 中使用到了 Google Material Design 中的 MatTable、MatPaginator、MatSort、MatInput 和 MatSelect 组件。MatTable 是一个表格容器，将数据以表格的形式呈现；MatPaginator 组件是配合 MatTable 组件使用的，用于分页显示表格中的内容；MatSort 组件配合 MatTable 组件可使用户根据表头的信息改变表格的排序规则；MatInput 和 MatSelect 为 Material 风格的输入框和选择框组件，用于检索标准时使用。

标准详情页面展示某一条标准的详细信息，由 StdDetailComponent 组件控制。在组件初始化时，会先根据当前的 URL 地址，从其中提取出标准的 ID，然后通过 StandardService 服务类请求得到该标准的全部信息，最后将信息展示出来。

引用综述页面展示引用数据采集的情况，由 CitationBriefComponent 组件控制。介绍各类引用数据的数量、比重及其他特征，数据通过 CitationService 请求服务端得到。

被引排名页面是由侧边导航栏中的按钮导航显示出来的，展示标准在某一种引用数据下的排名情况，由 CitationComponent 组件控制，在初始化时，它会根据当前的 URL，提取出引用的类别，然后通过 StandardService 服务类查询在标准在该引用类别下的排名列表，并将信息通过 MatTable 展示。

引用详情页面展示某条标准在某一分类下的全部引用数据，由 ShowCitationsComponent 组件控制，在初始化时，首先组件会根据当前的 URL，提取标准 ID 和引用分类；其次通过 CitationService 服务类请求服务端，得到引用数据，最后将数据展示到页面中。在展示过程中，将每一条引用数据放入一个 MatCard 容器中，并配合 MatPaginator 实现分页功能。

热点分析页面用于展示每一个标准分类下的主题词集，以词云图的形式展示出来，同时显示各分类下历年的项目发布数，以折线图的形式展示。该页面由 HotComponet 控制，在界面中，用户控制 MatSelect 组件。选择某个标准分类，HotComponet 会通过 HotService 服务类请求服务器得到该分类的统计数据，HotComponet 使用 echart 组件，将数据以词云图的形式展示出来。

服务端程序使用 Spring Boot 框架实现，它会根据前端程序的请求，查询 MySQL 数据库中的内容，做出一定处理加工后，将数据以 JSON 格式或简单字符串的形式返回给前端程序。

本系统的服务端程序分为 Entity、Repository、Service、Controller 四层。

首先，Entity 层为数据库中表在服务端程序的映射，是一些 POJO，它们将展示系统需要的数据封装为对象，这些映射类及其之间的关系如图 4-17 所示。

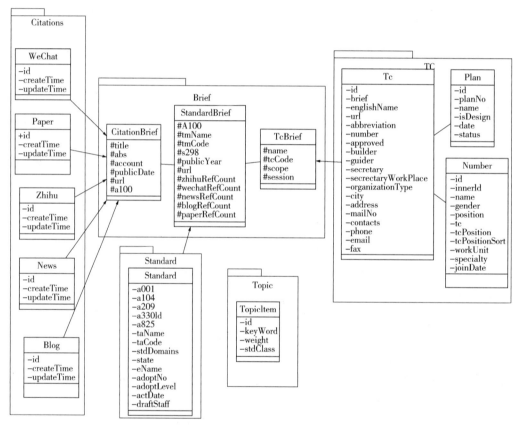

图 4-17 服务端程序实体类

由于在成果展示系统中，标准、引用数据、委员会的信息都是先以列表的形式展示概要信息，在选中后才会显示全部的详细信息。针对这一特点，为了统一代码逻辑，提高程序运行效率，在服务端引用程序中还专门设计了标准、引用数据和委员会实体的 Brief 父类（StandardBrief、CitationBrief、TcBrief），父类中保存在前端页面中列表需要显示的概要性的属性，实体的其他属性则设计在继承自父类的一个特定子类中。例如，标准的概要性属性，标准名、标准号等信息为 StandardBrief 的属性，标准的生效日期、归口单位等信息为 Standard 这一子类的属性。

Citation 包中存放微信、知乎、论文、新闻和博客这五种引用数据对象，分别对应数据库中 std_wechat、std_zhihu、std_paper、std_news 和 std_blog 这五个表。

　　Standard 包中存放 Standard 类，该类是数据库中 raw_standard_v3 这一存放标准信息的表在服务端程序中的映射。

　　Topic 包内存放对标准进行主题分析的分析结果。由于标准文献数据集在一定时间内是不会改变的，对其进行主题分析的结果也不会改变，提前计算并储存好分析结果相对于实时分析计算更加节省系统资源，可以提高程序的响应速度。

　　在 SpringBoot 框架中，当前端应用程序请求服务端应用程序时，数据从数据库中被读出，封装为相关 Entity 类，一次经过 Repository 层、Service 层和 Contrllor 层后封装为 HTTP 响应，返回给前端应用程序。

　　其次，Repository 层即 DAO 层，由一些数据库访问接口组成，按一定规则在接口中声明对数据库操作的方法后，Spring-Data-Jpa 会自动实现这些接口，不必自行设计实现。在本系统中，因为要对数据库中所有的表进行操作，所以 Repository 层应该为所有表建立一个接口。

　　再次，Service 层为业务处理层，通过 Repository 从数据库查询到的数据要根据前端程序的需要，在 Service 层进行处理加工。在本系统中设计了 StandardService、CitationService 分别对有关标准、委员会和引用有关的数据做加工处理。

　　最后，Controller 层为控制器层，该层中的类用于对请求的分发。它们会根据请求的 URL 不同，执行相应的方法，在方法中调用不同的 Service 以实现某个服务端的功能。根据前台程序划分的功能，在服务端程序中，设计有 StandardController、CitationController、Hot-Controller，它们对应不同的 API 接口地址，叫被前端程序调用，以返回不同的数据结果。Controller 类的接口设计如表 4-7 所示。

表 4-7　服务端接口设计表

Controller	接口功能	URL	参数名	参数描述
Standard Controller	按照标准名和标准号查询标准	/standard/showList	pageSize	分页大小
			pageIndex	页号
			type	排序类型
			ref	排序字段
			startYear	起始年
	查询在特定筛选条件下标准的总数	/standard/totalNum	endYear	结束年
			name	标准名
			a100	标准号
			stdClass	标准分类
			startYear	起始年
	查询某一标准的详细信息	/standard	endYear	结束年
			name	标准名
			a100	标准号
			stdClass	标准分类
			a100	标准号

续表

Controller	接口功能	URL	参数名	参数描述
Citation Controller	查询某一标准在某个引用分类下的引用数据	/Citations/List	a100	标准号
			type	引用类别
			pageSize	分页大小
			pageIndex	页号
			type	引用类别
	某一标准在某个引用分类下的引用数据的总数量	/Citations/totalNum	a100	标准号
Hot Controller	查询在某一标准分类下的主题词及其权重	/hot/wordCloud	stdClass	标准分类
			startYear	起始年
	查询某一标准分类在历年公开的标准数量	/hot/yearCount	endYear	结束年

为实现上述三个 Controller 的功能，它们对 Service 的依赖情况如图 4-18 所示。

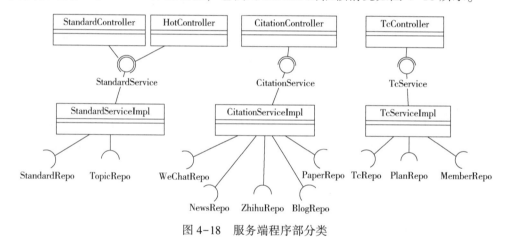

图 4-18 服务端程序部分类

第五节 油气管道标准数据分析应用

一、标准内容指标比对系统

充分利用标准馆现有数据基础，通过需求提取题录数据和相关标准数据，并按照标准化主体对象进行分类（可自建分类体系）。借助 OCR 识别管理工具对所有 OCR 识别任务进行管理。

在内容抽取方面，采用结构化工具对识别之后的文本进行自动抽取、入库，采用统一的标准结构体系对内容进行分类，通过建立内容指标体系（词表）和标准化对象体系（词表）实现分类。

在比对方面考虑未结构化数据和后期新增数据的比对操作，设计专家自主比对数据输入和已有数据的计算机辅助结果推荐方式进行比对数据加工操作。

在数据检索功能上，对于使用者来说，不仅能检索题录，还能对标准内容指标进行直接检索，可以在标准的前言、适用范围、要求、测试方法等结构范围之内进行直接检索和数据抽取，还能按照标准结构对两个标准进行对比查看，不但省去了获取和浏览原文及查找目标信息的环节，而且进一步可对抽取的结果数据在数据挖掘平台上进行分类、聚类、模式识别、趋势分析等知识挖掘，实现知识发现（图4-19）。

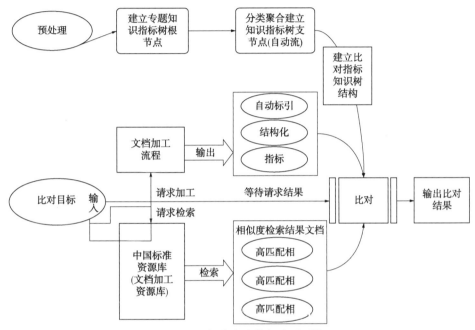

图4-19 标准内容指标比对系统

二、标准查重技术

（一）标准查重技术的现状

标准查重技术是信息检索领域的一项重要技术，在近年来取得了较大的发展。目前，已经广泛应用于学术论文、新闻报道、产品设计等众多领域，有效识别和防止重复内容的出现。

标准查重技术已经由最初的简单文本比对发展到了基于深度学习和 NLP 的智能查重。现在的查重系统不仅能够处理大规模的文本数据，还能对文本进行语义分析和理解，从而更准确地识别出相似或重复的内容。此外，一些先进的查重系统还具备跨语言查重能力，能够处理多语种文本数据。

随着标准查重技术的市场需求增加、学术不端行为增多和知识产权意识提高，用户对查重技术的需求越发迫切。新闻媒体、出版业、广告业等创新性需求高的行业需要利用查重技术确保内容的新颖性和原创性。因此，标准查重技术的市场规模不断扩大，已经成为一个具有巨大潜力的市场。

标准查重技术面临着诸多挑战。首先，存在技术瓶颈。尽管现有的查重技术不断进步，但在处理复杂文本和语义理解方面仍有待提高。其次，法律的限制。不同国家和地区对版权、知识产权等法律问题的态度不同，这在一定程度上限制了查重技术的跨国应用。最后，市场竞争激烈，系统需要不断优化，以满足用户的需求。

（二）标准查重技术未来发展趋势

1. 技术革新

随着人工智能技术的发展，标准查重技术将迎来一系列的技术革新。

（1）智能化与自动化：未来的查重系统将能够更准确地识别文本中的重复内容，并给出详细的分析报告。基于机器学习和 NLP 等技术，更精确地判断文本的相似度，从而提高查重的准确性和效率。

（2）数据库丰富与更新：查重系统的数据库不断更新和扩大。有助于查重系统覆盖更广泛的学术领域和文献资源，提高查重的全面性和准确性。

（3）批注查重技术：这将是查重技术领域的一次重要革新。这一技术不仅可以评估文字内容的原创性，还将批注、建议和修改意见纳入查重范畴，有助于更全面地评估文字质量。

2. 应用领域拓展

标准查重技术的应用领域将不仅局限于学术论文，还将涉及更多。

（1）学术出版领域：查重技术有助于有效检测和防止论文抄袭行为，维护学术的公正性和可信度。同时，可以帮助学者查找相关文献，提供有益的参考信息，促进学术交流和研究进展。

（2）科研项目查重：随着科研项目的不断增加，防止重复申报和多头支持变得更加重要。标准查重技术在科研项目立项和结题等环节中的应用将更加广泛，有助于优化科技资源配置，提高财政资金使用效益。

（3）其他领域：标准查重技术还可能应用于新闻报道、文学创作、商业文案等领域，以确保内容的原创性，避免侵权。

标准查重技术未来的发展趋势将呈现技术革新、应用领域拓展等特点。通过不断的技术创新和优化服务模式，标准查重技术将为学术界提供更高效、准确和便捷的查重服务，促进学术研究的健康发展。

三、标准题录数据多维度分析系统

随着油气管道领域标准的不断增加和复杂化，如何高效、准确地管理和分析这些标准数据成为一项重要任务。本应用案例旨在通过构建一个基于多维度分析的油气管道标准题录数据系统，实现对标准数据的深度挖掘和有效利用。

（一）系统设计

1. 数据采集与预处理

原始资料管理：利用文档管理工具（如自动化文档处理软件），对油气管道领域的各类标准文档进行统一管理和数字化处理，确保数据的完整性和准确性。

标准内容碎片化：通过标准内容碎片化工具，将标准文档拆分成独立的知识点或指标，便于后续的多维度分析。

数据清洗：对碎片化后的数据进行清洗，去除冗余和错误信息，提高数据质量。

2. 多维度分析工具应用

标签定义与管理：利用基于知识体系的标签集构建技术，为标准数据定义多个维度的标签(如对象维度、业务维度等),并通过标签管理工具进行统一管理和维护。

高级检索与综合检索:构建高级检索和综合检索功能,允许用户根据多个标签和维度进行组合查询,快速定位到所需的标准信息。

技术指标比对服务:结合标准比对技术,对不同标准之间的技术指标进行比对分析,评估标准的异同点,为标准的选用和制定提供参考。

3. 数据可视化与报告生成

数据可视化:利用数据可视化工具(如表格、图表、仪表盘等),将多维度分析的结果以直观、易理解的形式展现出来,便于用户快速获取关键信息。

报告生成:提供报告生成功能,允许用户根据分析结果自动生成标准题录数据的多维度分析报告,包括标准概况、对比分析、趋势预测等内容。

(二)应用效果

提升分析效率:通过自动化和智能化的工具,大幅缩短了人工处理数据的时间,提高了数据分析的效率。

增强数据准确性:通过数据清洗和比对分析,确保了标准数据的准确性和一致性。

辅助决策制定:多维度分析的结果为油气管道领域的标准制定、选用和管理提供了有力的数据支持,有助于企业更好地把握行业发展趋势和标准动态。

本应用案例通过构建油气管道标准题录数据多维度分析系统,展示了第四章第四节中提到的多种标准加工辅助工具在实际应用中的巨大潜力。这些工具不仅提高了数据分析的效率和准确性,还为企业决策制定提供了有力支持,推动了油气管道领域的标准化进程。

油气管道标准智能翻译技术及应用

在标准制修订过程中，除了参考国家标准、行业标准等国内先进标准，也需要参考其他国际标准及国外先进标准，及时掌握国际标准最新发布动态，并借鉴国外标准中的技术指标内容，以提高标准制定的先进性。ISO、IEC、ASME 等组织发布的油气管道领域的标准，标准内容以英文形式撰写。此外，俄罗斯在油气管道领域有很强的工业和技术基础，在编写标准的过程中也需要借鉴俄罗斯标准的内容。然而，标准编写人员的英文、俄文水平不一，在参考英文、俄文标准时可能难以及时获取标准的关键内容，也会对标准内容理解产生偏差，在编写标准过程中容易出现因为用词不符合油气管道领域表达规范的现象。因此急需一种智能翻译技术，使得国外油气管道领域的英文、俄文标准内容更加准确、专业地被翻译成中文，标准编写人员可以更加准确且迅速地掌握国外标准的关键信息和相关技术指标，提高标准的编写质量。

油气管道标准智能翻译技术是油气管道标准数字化技术的重要组成部分，能够在保证外文标准翻译准确率的前提下，提高标准翻译的专业性。智能翻译就是将一种语言的文字通过计算机与 NLP 技术进行自动化的转换。智能翻译的种类包括基于规则的机器翻译、基于深度学习的机器翻译、基于实例的智能翻译、基于神经网络的机器翻译等。模型训练和推断(测试)是智能翻译的两项关键技术。可采用开源神经网络，基于油气管道领域标准及其人工译文展开模型训练，经测试通过后形成标准智能翻译系统，并完成系统的部署工作，实现标准智能翻译系统在油气管道标准翻译中的应用。实例应用结果表明，智能翻译模块译文准确率平均在 90% 以上，在引入了专业术语后，能够保证外文标准原文翻译的专业性和可靠性。

第一节　标准智能翻译原理

一、智能翻译概念

随着全球化和跨文化交流的不断增加，智能翻译(也称机器翻译)作为一项重要的技术应运而生。智能翻译在促进语言沟通和信息传递方面发挥着重要作用。它不仅能够提供快速的翻译服务，还在跨语言信息检索、多语言内容管理和多语种人工智能等领域有着广泛的应用。

　　智能翻译的发展经历了多个阶段，从早期的基于规则的方法，到统计机器翻译阶段，再到如今主流的神经网络机器翻译方法。这些方法在不同的时间和背景下出现，各自有着自己的特点和优势。

　　早期的智能翻译方法主要基于规则，需要专家编写大量的语法规则和词典来实现翻译。这种方法的局限性很大，无法覆盖各种语言现象和语言变体，难以扩展和维护。

　　随着统计机器翻译的兴起，智能翻译进入了一个新的阶段。统计机器翻译方法通过分析大量的双语平行语料库，利用统计模型来建模源语言和目标语言之间的翻译关系。这种方法的优势在于能够自动学习翻译知识，适应不同领域和语种的翻译任务。

　　近年来，随着深度学习和神经网络技术的快速发展，神经网络机器翻译成为智能翻译领域的新热点。神经网络机器翻译利用编码器-解码器架构和注意力机制来实现端到端的翻译，不需要人工设计特征，能够直接从数据中学习翻译知识，翻译效果进一步显著提升。

二、智能翻译类型

(一) 基于规则的机器翻译

　　基于规则的智能翻译/机器翻译（Rule-Based Machine Translation，RBMT）是一种早期的机器翻译方法，它使用事先定义好的规则和语法知识来进行翻译。下面是基于规则的机器翻译的基本原理。

1. 词汇和语法规则

　　RBMT 使用词汇和语法规则来进行翻译。词汇规则定义了源语言单词与目标语言单词之间的对应关系，例如，一个单词的直接翻译或词义的替换；语法规则定义了源语言和目标语言之间的语法结构和转换关系，例如，短语结构、句法规则和语序等。这些规则可以手动编写，也可以从语言学知识库中提取。翻译词汇和语法规则如图 5-1 所示。

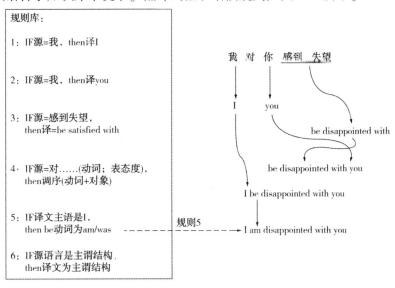

图 5-1　翻译词汇和语法规则

2. 翻译过程

RBMT 的翻译过程主要包括两个步骤：分析和生成。在分析步骤中，源语言句子被解析成语法结构，并且根据词汇规则进行词义转换。这个步骤包括词法分析、句法分析和语义解析等处理。在生成步骤中，根据语法规则和目标语言的语法结构，生成目标语言句子的结构和词序。翻译过程如图 5-2 所示。

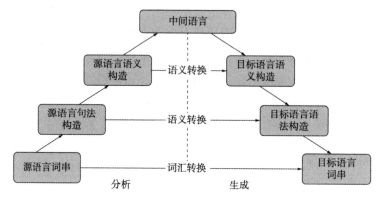

图 5-2　基于规则的机器翻译方法的两个主要步骤

3. 知识资源

RBMT 需要大量的知识资源来支持翻译过程。这些资源包括双语词典、句法规则库、语义知识库和语料库等。词典提供了源语言和目标语言单词之间的对应关系，句法规则库定义了语法结构和转换规则，语义知识库提供了语义信息和关系，语料库用于训练和调整规则和模型。

基于规则的智能翻译方法的主要优点是可以利用专业领域的语言知识和规则进行翻译，对于特定领域和结构化语言的处理相对较好。然而，它也存在一些限制，包括规则的复杂性、对于复杂的语义和上下文处理的困难以及对大量人工规则和知识资源的依赖。随着统计和神经网络翻译方法的发展，基于规则的机器翻译方法逐渐被取代，但在某些特定领域和应用中仍然有一定的应用价值。

（二）基于深度学习的机器翻译

与机器学习相比，深度学习在机器翻译方面具有明显的优势：第一，能够提取文本特征，并将特征融入模型训练过程中，实现端到端的翻译，且能理解上下文信息以及更深层次的语义关系；第二，易于理解文本的非线性关系，翻译的准确性更高，且对大规模数据友好。

1. 基于 Transformer 的机器翻译

Transformer 源于计算机视觉，后来诸多学者将其应用于机器翻译，其包含两部分，分别为 Encoder 和 Decoder。Encoder 由 6 个相同的层堆叠组成，每层含有 2 个子层，第一层是多头注意力层，第二层是前馈神经网络层。输入的信息放进多头注意力层的编码器中，会产生一个传输到前馈神经网络的矩阵，以获取句子的特征。这个过程要重复 N 次，最后输入解码器中。Transformer 编解码流程如图 5-3 所示。

Transformer 相当于一个解码器,也由 6 个相同的层组成,但每层含有 3 个子层。首先,解码器中第 2 个多头注意力层的 Q 来自上一层,V、K 来自编码器,其次,进行规则化处理,最后把计算结果放入线性层,再经过函数计算得到下一个输出。

2. 基于 LSTM 的机器翻译研究

在基于深度学习的机器翻译中,传统的模型会产生梯度消失,而 LSTM 通过引入 gate 机制,解决了此问题。LSTM 使用记忆单元代替神经元,设置了遗忘门、输入门、更新门。对于遗忘门,上一时刻的记忆不需要全部保留;对于输入门,新记忆也需要过滤,长期记忆为遗忘门和输入门的记忆总和。LSTM 结构如图 5-4 所示。

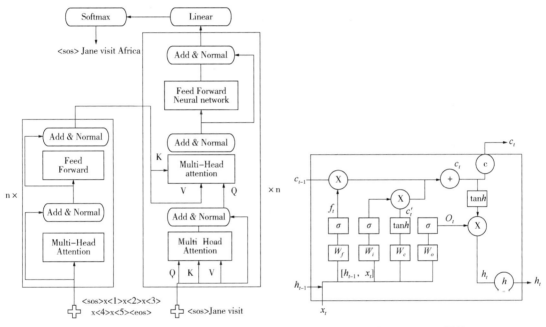

图 5-3 Transformer 编解码流程   图 5-4 LSTM 结构

在应用中,长距离传输的信息丢失是机器翻译面临的突出问题,基于 LSTM-SA 的智能翻译模型与 LSTM 相比,具有更快的收敛速度和更低的损失值,且能够增强源语言上下文的信息表示,从而减少信息丢失。

3. 基于 GRU 的机器翻译

在面对大规模文本时,LSTM 的参数太多,处理起来较复杂,而 GRU 使用较少的参数就能解决梯度消失问题。GRU 模型只有两个门:更新门和重置门。更新门表示前一个时刻的信息被带入当前时刻的程度,更新门的值越大说明带入的信息越多。重置门控制前状态信息被写入候选集的程度,重置门越小,写入的信息越少。GRU 结构如图 5-5 所示。

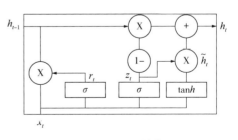

图 5-5 GRU 结构

（三）基于实例的智能翻译

基于实例的智能翻译/机器翻译（Example-Based Machine Translation，EBMT）是一种机器翻译方法，通过使用现有的平行语料库中的翻译实例来完成翻译任务，而不依赖于规则或统计模型。基于实例的机器翻译的基本原理和步骤如下。

1. 实例库的构建

需要构建一个平行语料库，其中包含源语言和目标语言之间的翻译实例。这些实例可以由人工创建，或者从现有的翻译文本中提取得到。

2. 相似性度量

在进行翻译时，待翻译的源语言句子将与实例库中的句子进行相似性度量，以找到最相似的实例。相似性度量可以使用词级别或短语级别的匹配方法，如余弦相似度、编辑距离等。

3. 实例选择

根据相似性度量，选择与待翻译句子最相似的实例作为基础。通常选择多个实例，以便进行后续的调整和组合。

4. 实例匹配

将选择的实例与待翻译句子进行匹配，找出匹配的片段。这可以使用对齐方法，如短语对齐或句法对齐，将源语言和目标语言之间的对应关系进行建模。

5. 实例调整

根据实例匹配的结果，对选择的实例进行调整，以适应待翻译句子的上下文和语法结构。调整可以包括替换、重排或插入翻译片段等操作。

6. 输出生成

根据调整后的实例，生成最终的翻译结果（图 5-6）。这可能涉及进一步的处理，如词序调整、句法调整或生成目标语言的正确形式。

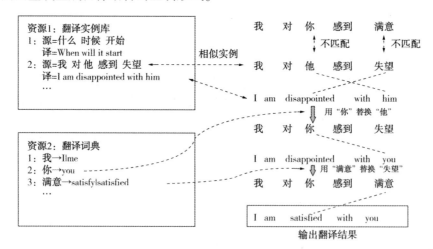

图 5-6　基于实例的机器翻译

基于实例的机器翻译方法的优点在于能够利用现有的翻译实例，特别是在类似的句子结构和上下文中，可以取得较好的翻译效果。然而，这种方法的局限性在于对输入句子高度依赖，无法处理未见过的句子结构或词汇，并且对实例库的质量和覆盖范围要求较高。

（四）基于神经网络的机器翻译

NMT 是一种基于深度神经网络的机器翻译方法，它通过端到端的学习方式将源语言句子直接映射到目标语言句子。NMT 的基本原理如下。

1. 编码器-解码器结构

NMT 使用编码器-解码器结构进行翻译。编码器负责将源语言句子转换为一个连续的向量表示，称为上下文向量或编码器隐藏状态。解码器根据这个上下文向量和已生成的目标语言部分，逐步生成目标语言句子。

2. 循环神经网络（Recurrent Neural Network，RNN）

如图 5-7 所示，在 NMT 中编码器和解码器通常使用 RNN 来处理序列数据，RNN 模型可以处理变长序列，并且可以在生成每个词时考虑上下文信息。编码器通过将源语言序列逐步输入 RNN，并将最终的隐藏状态作为上下文向量，解码器也使用 RNN 来逐步生成目标语言序列。

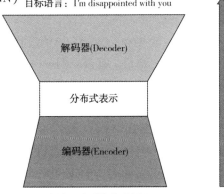

图 5-7　编码器-解码器结构

3. 注意力机制

为了处理长句子和更好地捕捉源语言和目标语言之间的对应关系，NMT 引入了注意力机制。注意力机制允许解码器在生成每个目标语言词时，根据源语言的不同部分进行加权关注。这样，解码器可以更好地理解源语言句子的重要部分，并将其翻译成适当的目标语言词。

4. 端到端学习

NMT 通过端到端学习的方式进行训练，即从大规模双语语料库中直接学习翻译模型，而不需要手动设计特征或规则。在训练过程中，通过最小化翻译模型在训练数据上的误差（如交叉熵损失），调整模型参数来提高翻译质量。

5. 预训练和微调

通常，在 NMT 中使用预训练和微调的策略来提高翻译性能。预训练阶段使用大规模的双语数据对模型进行初始化，然后在特定任务的小规模数据上进行微调。这有助于解决数据稀缺和面对特定领域翻译的挑战。

NMT 的优点在于可以处理复杂的语言结构和上下文信息，对于罕见单词和长句子的处理效果较好，并且在翻译质量上通常优于 SMT。但是，NMT 也存在一些缺点，如需要大量的训练数据和计算资源，对于一些低资源语言和领域效果不佳。

第二节　标准智能翻译关键技术

一、模型训练

智能翻译模型训练是智能翻译的关键技术之一。以 NMT 模型为例，其训练大多使用基于梯度的方法。

在基于梯度的方法中，模型参数可以通过损失函数 L 不断对参数的梯度进行更新。对于第 step 步参数更新，先进行神经网络的前向计算，再进行反向计算，并得到所有参数的梯度信息，最后使用下面的规则进行参数更新：

$$w_{\text{step}+1} = w_{\text{step}} - \alpha \frac{\partial L(w_{\text{step}})}{\partial w_{\text{step}}} \qquad (5-1)$$

其中，w_{step} 表示更新前的模型参数，$w_{\text{step}+1}$ 表示更新后的模型参数，$L(w_{\text{step}})$ 表示模型相对于 w_{step} 的损失，$\dfrac{\partial L(w_{\text{step}})}{\partial w_{\text{step}}}$ 表示损失函数的梯度，α 是更新的步长。也就是说，给定一定量的训练数据，不断执行式(5-1)的过程，反复使用训练数据，直至模型参数达到收敛或损失函数不再变化。通常，把公式的一次执行称为"一步"更新/训练，把访问完所有样本的训练称为"一轮"训练。将式(5-1)应用于 NMT 时有几个基本问题需要考虑，具体包括：损失函数的选择；参数初始化的策略，也就是如何设置 w_0；优化策略和学习率调整策略；训练加速。

（一）损失函数

NMT 在目标端的每个位置都会输出一个概率分布，表示这个位置上不同单词出现的可能性。设计损失函数时，需要知道当前位置输出的分布与标准答案相比的"差异"。在 NMT 中，常用的损失函数是交叉熵损失函数。令 y 表示机器翻译模型输出的分布，表示标准答案，则交叉熵损失可以被定义为：

$$L_{\text{ce}}(\hat{y}, y) = \sum_{j=1}^{n} L_{\text{ce}}(\hat{y}_j, y_j) \qquad (5-2)$$

其中，$y[k]$ 和 $\hat{y}[k]$ 分别表示向量 y 和 $\hat{y}$ 的第 k 维，$|V|$ 表示输出向量的维度（等于词表大小）。假设有 n 个训练样本，模型输出的概率分布为 $\hat{Y} = \{\hat{y}_1, \cdots, \hat{y}_n\}$，标准答案的分布 $Y = \{y, \cdots, y_n\}$。这个训练样本集合上的损失函数可以被定义为：

$$L(\hat{Y}, Y) = \sum_{j=1}^{n} L_{\text{ce}}(\hat{y}_j, y_j) \qquad (5-3)$$

式(5-3)是一种非常通用的损失函数形式，除了交叉熵，也可以使用其他的损失函数，只需要替换 $L_{\text{ce}}(\cdot)$ 即可。这里使用交叉熵损失函数的好处在于它非常容易优化，特别是与 softmax 组合，其反向传播的实现非常高效。此外，交叉熵损失（在一定条件下）也对应了极大似然的思想，这种方法在 NLP 中已经被证明是非常有效的。

除了交叉熵，很多系统也使用了面向评价的损失函数，如直接利用评价指标 BLEU 定义损失函数。不过，这类损失函数往往不可微分，因此无法直接获取梯度。这时，可以引入强化学习技术，通过策略梯度等方法进行优化。

（二）参数初始化

神经网络的参数主要是各层中的线性变换矩阵和偏置。在训练开始时，需要对参数进行初始化。NMT 的网络结构复杂，损失函数往往不是凸函数，不同的初始化会导致不同的优化结果。而且，在大量实践中发现，NMT 模型对初始化方式非常敏感，性能优异的系统往往需要特定的初始化方式。

因为 LSTM 是 NMT 中的常用模型，所以下面以 LSTM 模型为例，介绍 NMT 模型的初始化方法，这些方法也可以推广到 GRU 等结构。具体内容如下：

——LSTM 遗忘门偏置初始化为 1，也就是始终选择遗忘记忆 c，这样可以有效防止初始化时 c 里包含的错误信号传播到后面的时刻。

——网络中的其他偏置一般都初始化为 0，可以有效地防止加入过大或过小的偏置后，激活函数的输出跑到"饱和区"，也就是梯度接近 0 的区域，防止训练一开始就无法跳出局部极小的区域。

——网络的权重矩阵 ω 一般使用 Xavier 参数初始化方法，可以有效地稳定训练过程，特别是对于比较"深"的网络。令 d_{in} 和 d_{out} 分别表示 ω 的输入和输出的维度大小。则该方法的具体实现如下：

$$\omega \sim U\left(-\sqrt{\frac{6}{d_{in}+d_{out}}}, \sqrt{\frac{6}{d_{in}+d_{out}}}\right) \tag{5-4}$$

其中，$U(a, b)$ 表示以 $[a, b]$ 为范围的均匀分布。

（三）优化策略

式（5-1）展示了最基本的优化策略，也被称为标准的 SGD 优化器。实际上，训练 NMT 模型时，还有非常多的优化器可以选择，循环神经网络使用 Adam 优化器。Adam 通过对梯度的一阶矩估计（First Moment Estimation）和二阶矩估计（Second Moment Estimation）进行综合考虑，计算出更新步长。

通常，Adam 收敛得比较快，不同任务基本上可以使用同一套配置进行优化，虽然性能不算差，但是难以达到最优效果。相反，SGD 虽能通过在不同的数据集上进行调整达到最优的结果，但是收敛速度慢。因此，需要根据不同的需求选择合适的优化器。若需要快速得到模型的初步结果，选择 Adam 较为合适；若需要在一个任务上得到最优的结果，选择 SGD 更合适。

（四）梯度裁剪

需要注意的是，训练循环神经网络时，反向传播使得网络层之间的梯度相乘。在网络层数过深时，如果连乘因子小于 1 可能造成梯度指数级的减少，甚至趋近于 0，则网络无法优化，也就是梯度消失问题；当连乘因子大于 1 时，可能会导致梯度的乘积变得异常大，产生梯度爆炸的问题。在这种情况下，需要使用"梯度裁剪"，防止梯度超过阈值。梯度裁剪的具体公式为：

$$\omega' = \omega \cdot \frac{\gamma}{\max(\gamma, \|\omega\|_2)} \tag{5-5}$$

其中，γ 是手工设定的梯度大小阈值，$\|\cdot\|_2$ 是 l_2 范数，ω' 表示梯度裁剪后的参数。这个公式的含义在于只要梯度大小超过阈值，就按照阈值与当前梯度大小的比例进行缩放。

（五）学习率策略

在式（5-1）中，α 决定了每次参数更新时的步幅大小，称为学习率。学习率是基于梯度方法中的重要超参数，决定了目标函数能否收敛到较好的局部最优点及收敛的速度。合理的学习率能够使模型快速、稳定地达到较好的状态。但是，如果学习率太小，则收敛过程会很慢；如果学习率太大，则模型的状态可能会出现震荡，很难达到稳定，甚至使模型无法收敛。图 5-8 对比了不同学习率对优化过程的影响。

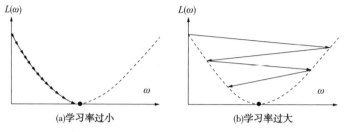

$$(a)学习率过小 \qquad (b)学习率过大$$

图 5-8　不同学习率对优化过程的影响

不同优化器需要的学习率不同，例如 Adam 一般使用 0.001 或 0.0001，而 SGD 则在 0.1~1 之间进行挑选。在梯度下降法中，都是给定统一的学习率，整个优化过程中都以确定的步长进行更新。因此，无论使用哪个优化器，为了保证训练又快又好，通常都需要根据当前的更新次数，动态地调整学习率的大小。

图 5-9 展示了一种常用的学习率调整策略。分为两个阶段：预热阶段和衰减阶段。模型训练初期梯度通常很大，如果直接使用较高的学习率很容易让模型陷入局部最优。学习率的阶段是指在训练初期使学习率从小到大逐渐增加的阶段，目的是减缓在初始阶段模型"跑偏"的现象。一般来说，初始学习率太高会使模型进入一种损失函数曲面非常不平滑的区域，进而使模型进入一种混乱的状态，后续的优化过程很难取得很好的效果。一种常用的学习率预热方法是逐渐预热（Gradual Warmup）。假设预热的更新次数为 N，初始学习率为 α_0，则预热阶段第 step 次更新的学习率计算为：

$$\alpha_t = \frac{\text{step}}{N}\alpha_0, \quad 1 \leqslant t \leqslant T' \tag{5-6}$$

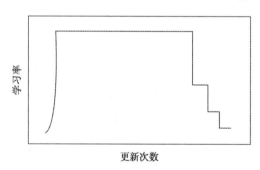

图 5-9　一种常用的学习率调整策略

另外，当模型训练逐渐接近收敛时，使用太高的学习率很容易让模型在局部最优解附近震荡，从而错过局部极小，因此需要通过降低学习率来调整更新的步长，以此来不断地逼近局部最优，这一阶段也称为学习率的衰减阶段。使学习率衰减的方法有很多，如指数衰减、余弦衰减等，图 5-9 右侧下降部分的曲线展示了分段常数衰减（Piecewise Constant Decay），即每经过 m 次更新，学习率衰减为原来的 $\beta_m(\beta_m \leqslant 1)$ 倍，其中 m 和 β_m 为经验设置的超参数。

（六）并行训练

机器翻译是 NLP 中很"重"的任务。因为数据量巨大而且模型较为复杂，所以模型训练的时间往往很长。例如，使用 1000 万句数据进行训练，性能优异的系统往往也需要几天甚至一周。更大规模的数据会导致训练时间更长。特别是使用多层网络同时增加模型容量时（如增加隐藏层宽度时），NMT 的训练会更加缓慢。针对这个问题，一种思路是从模型训练算法上进行改进，如前面提到的 Adam 就是一种高效的训练策略；另一种思路是利用多设备进行加速，也称作分布式训练。

常用的多设备并行化加速方法有数据并行和模型并行，其优缺点的简单对比如表 5-1 所示。数据并行是指把同一个批次的不同样本分到不同设备上进行并行计算，其优点是并行度高，理论上有多大的批次就可以有多少个设备并行计算，但模型体积不能大于单个设备容量的极限。模型并行是指把"模型"切分成若干模块后分配到不同设备上并行计算，其优点是可以对很大的模型进行运算，但只能有限并行，例如，如果按层对模型进行分割，那么有多少层就需要多少个设备。这两种方法可以一起使用，进一步提高神经网络的训练速度。

表 5-1　数据并行与模型并行优缺点对比

多设备并行方法	优　点	缺　点
数据并行	并行度高，理论上有多大的批次（Batch），就可以有多少个设备并行计算	模型不能大于单个设备的极限
模型并行	可以对很大的模型进行计算	只能有限并行，有多少层就有多少设备

数据并行：如果一台设备能完整放下一个 NMT 模型，那么数据并行可以首先把一个大批次均匀切分成 n 个小批次，其次分发到 n 设备上并行计算，最后把结果汇总，相当于把运算时间变为原来的 $1/n$，数据并行的过程如图 5-10 所示。需要注意的是，多设备并行需要将数据在不同设备间传输。特别是在多个 GPU 的情况下，设备间传输的带宽十分有限，设备间传输数据往往会造成额外的时间消耗。通常，数据并行的训练速度无法随设备数量增加呈线性增长。不过，这个问题也有很多优秀的解决方案，如采用多个设备的异步训练。

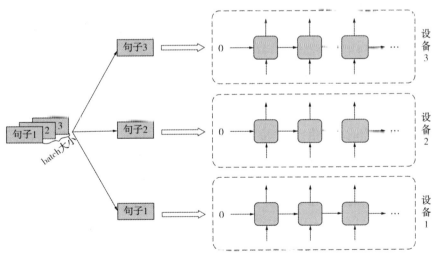

图 5-10　数据并行的过程

模型并行：把较大的模型分成若干小模型，之后在不同设备上训练小模型。对于循环神经网络，不同层的网络天然就是一个相对独立的模型，因此非常适合使用这种方法。例如，对于神经 l 层的循环神经网络，把每层都看作一个小模型，然后分发到 l 个设备上并行计算。在序列较长时，该方法使其运算时间变为原来的 $1/l$。图 5-11 以 3 层循环神经网络为例，展示了对句子"你很不错。"进行模型并行的过程。其中，每一层网络都被放到一个设备上。当模型根据已经生成的第一个词"你"预测下一个词时[如图5-11(a)所示]，同层的下一个时刻的计算和对"你"的第二层的计算可以同时开展[如图5-11(b)所示]。依此类推，就完成了模型的并行计算。

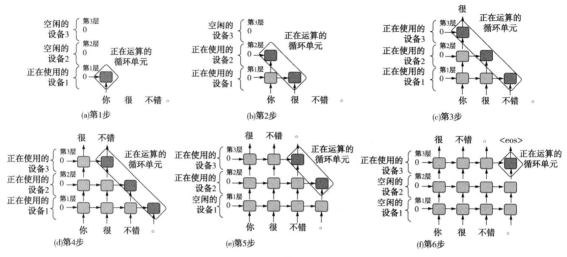

图5-11 一个3层循环神经网络的模型并行过程

二、推断(测试)

推断是NMT中的核心问题和关键技术。NMT的推断是一个典型的搜索问题。这个过程是指：利用已经训练好的模型对新的源语言句子进行翻译。具体来说，先利用编码器生成源语言句子的表示，再利用解码器预测目标语言译文。也就是说，对于源语言句子x，生成一个使翻译概率$P(y \mid x)$最大的目标语言译文$\hat{y}$，具体计算如下：

$$\hat{y} = \arg \max_y P(y \mid x) = \arg \max_y \prod_{j=1}^{n} P(y_j \mid y_{<j}, x) \tag{5-7}$$

在具体实现时，当前目标语言单词的生成需要依赖前面单词的生成，因此无法同时生成所有的目标语言单词。理论上，可以枚举所有的y，然后利用$P(y \mid x)$的定义对每个y进行评价，找出最好的y。这也被称作全搜索(Full Search)。但是，枚举所有的译文单词序列显然是不现实的。因此，在具体实现时，并不会访问所有可能的译文单词序列，而是用某种策略进行有效的搜索。常用的做法是自左向右逐词生成。例如，对于每一个目标语言位置j，可以执行：

$$\hat{y}_j = \arg \max_{y_j} P(y_j \mid \hat{y}_{<j}, x) \tag{5-8}$$

其中，$\hat{y}_j$表示位置j概率最高的单词，$\hat{y}_{<j} = \{\hat{y}_1, \cdots, \hat{y}_{j-1}\}$表示已经生成的最优译文单词序列。也就是说，把最优的译文看作所有位置上最优单词的组合。显然，这是一种贪婪搜索，因为无法保证$\{\hat{y}_1, \cdots, \hat{y}_n\}$是全局最优解。一种解决这个问题的方法是，在每步中引入更多的候选。$\hat{y}_{jk}$表示在目标语言第j个位置排名在第k位的单词。在每一个位置j，可以生成k个最可能的单词，而不是1个，这个过程可以被描述为

$$\widehat{y}_{j1}, \cdots, \widehat{y}_{jk} = \underset{\widehat{y}_{j1},\cdots,\widehat{y}_{jk}}{\arg\max} P(y_j \mid \{\widehat{y}_{<j*}\}, x) \tag{5-9}$$

其中，$\{\widehat{y}_{j1}, \cdots, \widehat{y}_{jk}\}$ 表示对于位置 j 翻译概率最大的前 k 个单词，$\{\widehat{y}_{<j*}\}$ 表示前 $j-1$ 步 top-k 单词组成的所有历史。$\widehat{y}_{<j*}$ 可以被看作一个集合，里面每一个元素都是一个目标语言单词序列，这个序列是前面生成的一系列 top-k 单词的某种组合。$P(y_j \mid \{\widehat{y}_{<j*}\}, x)$ 表示基于 $\{\widehat{y}_{<j*}\}$ 的某一条路径生成 y 的概率。这种方法也被称为束搜索，意思是搜索时始终考虑一个集束内的候选。

不论是贪婪搜索还是束搜索，都是自左向右的搜索过程，也就是每个位置的处理需要等前面位置处理完才能执行。这是一种典型的自回归模型（Autoregressive Model，AR 模型），它通常用来描述时序上的随机过程，其中每一个时刻的结果对时序上其他部分的结果有依赖。相应地，也有非自回归模型（Non-autoregressive Model），它消除了不同时刻结果之间的直接依赖。由于自回归模型是当今 NMT 主流的推断方法，这里仍以自回归的贪婪搜索和束搜索为基础进行讨论。

（一）贪婪搜索

图 5-12 展示了一个基于贪婪方法的 NMT 解码过程。每一个时间步的单词预测都依赖其前一步单词的生成。在解码第一个单词时，由于没有之前的单词信息，会用 <sos> 进行填充作为起始的单词，且会用一个零向量（可以理解为没有之前时间步的信息）表示第 0 步的中间层状态。

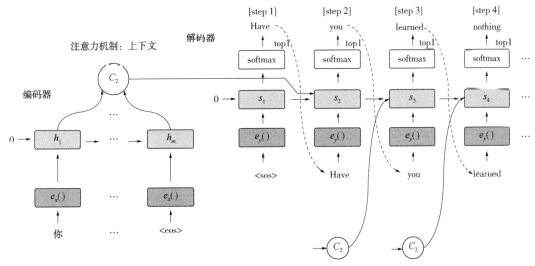

图 5-12　基于贪婪方法的 NMT 解码过程

解码器的每一步 softmax 层会输出所有单词的概率，由于是基于贪婪的方法，这里会选择概率最大（top-1）的单词作为输出。这个过程可以参考图 5-13。选择分布中概率最大的单词"Have"作为得到的第一个单词，并再次送入解码器，作为第二步的输入，同时预测下一个单词。依此类推，直到生成句子的终止符，就得到了完整的译文。

贪婪搜索的优点在于速度快。在对翻译速度有较高要求的场景中，贪婪搜索是一种十分有效的系统加速方法，而且原理非常简单，易于快速实现。不过，由于每一步只保留一个最

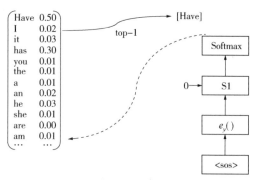

图 5-13　解码第一个位置输出的单词
概率分布("Have"的概率最高)

好的局部结果，贪婪搜索往往会带来翻译品质的损失。

（二）束搜索

束搜索是一种启发式图搜索算法。相比于全搜索，它可以减少搜索所占用的空间和时间，在每一步扩展的时候，剪掉一些质量比较差的节点，保留一些质量较高的节点。具体到机器翻译任务，对于每一个目标语言位置，束搜索选择了概率最大的前 k 个单词进行扩展（其中 k 叫作束宽度，或称为束宽）。如图 5-14 所示，假设 $\{y_1, \cdots, y_n\}$ 表示生成的目标语言序列，且 $k=3$，则束搜索的具体过程为：在预测第一个位置时，可以通过模型得到 y_1 的概率分布，选取概率最大的前 3 个单词作为候选结果（假设分别为"have""has""it"）。在预测第二个位置的单词时，模型针对已经得到的三个候选结果（"have""has""it"）计算第二个单词的概率分布。因为 y_2 对应 $|V|$ 种可能，所以总共可以得到 $3 \times |V|$ 种结果。然后，从中选取使序列概率 $P\{y_2, y_1 | x\}$ 最大的前三个 y_2 作为新的输出结果，这样便得到了前两个位置的 top-3 译文。在预测其他位置时也是如此，不断重复此过程直到推断结束。可以看到，束搜索的搜索空间大小与束宽度有关，即束宽度越大，搜索空间越大，更有可能搜索到质量更高的译文，但搜索会更慢。束宽度等于 3，意味着每次只考虑 3 个最有可能的结果，贪婪搜索实际上是束宽度为 1 的情况。在 NMT 系统实现中，一般束宽度设置在 4~8。

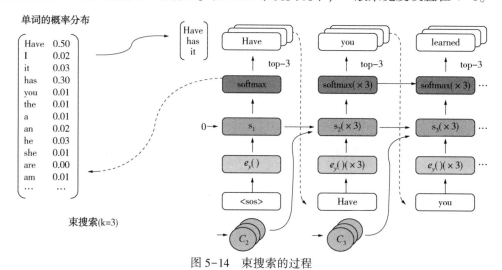

图 5-14　束搜索的过程

（三）长度惩罚

这里 $P(y | x) = \prod_{j=1}^{n} P(y_i | y_{<j}, x)$ 作为翻译模型。这个公式有一个明显的缺点：当句子过长时，乘法运算容易溢出，也就是多个数相乘可能会产生浮点数无法表示的运算结果。为

了解决这个问题,可以利用对数操作将乘法转换为加法,得到新的计算方式 $logP(y/x) = \sum_{j=1}^{n} log(y_j | y_{<j}, x)$。对数函数不会改变函数的单调性,因此在具体实现时,通常用 $logP(y/x)$ 表示句子的得分,而不用 $P(y/x)$ 表示。

不管是使用 $P(y/x)$ 还是使用 $logP(y/x)$ 计算句子得分,还面临两个问题:

$P(y/x)$ 的范围是 $[0, 1]$,如果句子过长,那么句子的得分就是很多个小于 1 的数相乘,或者取 log 之后很多个小于 0 的数相加。这就是说,句子的得分会随着长度的增加而变小,即模型倾向于生成短句。

模型本身并没有考虑每个源语言单词被使用的程度,如一个单词可能会被翻译很多次。这个问题在统计机器翻译中并不存在,因为所有词在翻译中必须被"覆盖"到。早期的 NMT 模型没有所谓覆盖度的概念,因此无法保证每个单词被翻译的"程度"是合理的。

为了解决上面提到的问题,可以使用其他特征与 $logP(y/x)$ 一起组成新的模型得分 $score(y, x)$。针对模型倾向于生成短句的问题,常用的做法是引入惩罚机制。例如,可以定义一个惩罚因子,形式为:

$$p(y) = \frac{(5+|y|)^{\alpha}}{(5+1)^{\alpha}} \tag{5-10}$$

其中,$|y|$ 代表已经得到的译文长度,α 是一个固定的常数,用于控制惩罚的强度。在计算句子时,额外引入表示覆盖度的因子:

$$cp(y, x) = \beta \sum_{i=1}^{|x|} log(min(\sum_{j}^{|y|} \alpha_{ij}, 1)) \tag{5-11}$$

$cp(\cdot)$ 会惩罚把某些源语言单词对应到很多目标语言单词的情况(覆盖度),被覆盖的程度用 $\sum_{j}^{|y|} \alpha_{ij}$ 度量。β 是根据经验设置的超参数,用于对覆盖度惩罚的强度进行控制。

最终,模型得分定义为:

$$score(y, x) = \frac{logP(y|x)}{lp(y)} + cp(y, x) \tag{5-12}$$

显然,目标语 y 越短,$lp(y)$ 的值越小,因为 $logP(y|x)$ 是负数,所以句子得分 $score(y, x)$ 越小。也就是说,模型会惩罚译文过短的结果。当覆盖度较高时,同样会使得分变低。通过这样的惩罚机制,使模型的得分更合理,从而帮助模型选择质量更高的译文。

第三节 标准智能翻译系统设计与应用

一、智能翻译技术方法的选择

现阶段较为成熟的 NMT 的框架有 OpenNMT、GNMT 和 TensorFlow Sequence-to-Sequence 三种,由于 OpenNMT 系统相比 CNMT 和 TensorFlow Sequence-to-Sequenc 两个系统在灵活性、多功能性、开源性方面有更明显的优势,一般情况下可采用 OpenNMT 系统。

智能翻译引擎可基于术语与成熟的 OpenNMT 标准序列模型搭建而成,首先翻译过程中可采用 Argos Translate 工具对英文标准展开翻译，系统中的 SentencePiece 句子标记模块可对句子进行标记化，Stanza 模块具备句子边界检测功能。其次图形化界面展示可借助 Python 中的 PyQt 工具实现。Argos Translate 可以用作 Python 库、命令行或 GUI 应用程序。最后本地启动LibreTranslate(一个构建在 Argos Translate 之上的 API 和 Web 应用程序)，并且支持安装语言模型包，这些语言模型包是带有". argosmodel"扩展名的 zip 存档，其中包含翻译所需的数据。采用该模型可实现中英、中俄互译功能。

图 5-15 为 OpenNMT 示意图。红色部分代表源词，其首先映射到词向量，随后进入 RNN。进入<eos>位置后，最后的时间步骤初始化目标 RNN。在每个目标时间步，注意力在源 RNN 上应用，并结合当前隐藏状态产生下一个单词的预测，预测方法如式(5-13)所示：

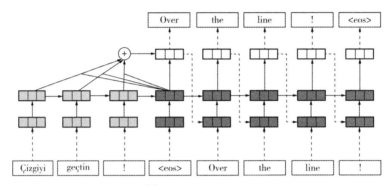

图 5-15　OpenNMT

$$p(w_t \mid w_{1:t-1}, x) \tag{5-13}$$

其中，式(5-13)为"自回归"，是指时间序列分析中的一种模型，常用于描述时间序列数据内部的自相关结构。AR 模型是一种统计模型，用于预测时间序列数据的未来值，其基本原理是利用时间序列自身的历史值来预测未来值。式(5-13)表示在给定序列 w_1，w_2，$\cdots$，w_{t-1} 和附加上下文 w 的条件下，预测序列中第 t 个词 w_t 的概率，w_1，w_2，$\cdots$，w_{t-1} 表示序列中前 $t-1$ 个词，x 是附加的上下文信息，与当前时刻 t 无关。其中：

w_t：时间点 t 的单词或标记。

w_{t-1}：时间点 1 到 $t-1$ 的所有单词序列。

x：可能的其他相关变量或者上下文信息。

$P(w_t \mid w_{1:t-1}, x)$：给定前面所有单词序列 w_{t-1} 和其他相关变量 x 的情况下，当前时间点 t 的单词 w_t 出现的概率分布。

这种条件概率的计算可以用来建模一个词在给定其前面的词和一些额外上下文信息的情况下的生成概率。在 NLP 中，这样的条件概率常常用于语言模型的建模，其中模型试图预测下一个词的出现概率，给定之前的上下文和可能的全局信息。然后将此预测反馈到目标 RNN。

二、油气管道标准术语库的选择

术语库的数量以及术语的准确度对于标准的翻译量至关重要，因而有必要对现有的术语库进行比选，选择更优的术语库进行油气管道标准翻译工作。在油气管道领域，第一种术语库的术语来源于国家管网集团标准化研究中心近年完成的大量标准译文，包括大量的油气管道领域的专业术语；第二种来源于安东石油术语库；第三种来源于 GB/T 4016—2019《石油产品术语》等中的术语。选取油气管道领域的标准原文通过智能翻译以及人工翻译手段对以上三种术语库进行了比选，测试比选结果显示，智能翻译系统应选用国家管网集团标准化所术语库作为术语库。

国家管网集团标准化所术语库来源于国家管网集团标准化研究中心近年完成的大量标准译文，包含大量的油气管道领域的专业术语，本研究中所采用术语库分别为模型训练汇总使用的部分术语、GB/T 4016—2019《石油产品术语》中部分术语和安东石油术语库中的术语。

如表 5-2 所示，本研究工作所选用的术语库包含 6340 条术语，术语数量远远大于 GB/T 4016—2019 和安东石油术语库，因此本系统选择条目数量更多的术语库，以确保模型训练过程中外文标准翻译的准确性和专业性。

表 5-2　术语库条目对比情况

术语库	条目数量/条
本系统训练采用术语库	6340
GB/T 4016—2019	977
安东石油术语库	992

为使得现有术语库发挥更加重要的作用、进一步提高翻译质量，应对现有选择的术语库进行适当的补充完善。

1. 根据术语来源补充建设现有术语库

（1）用户提交待翻译的文献资料的同时，可能会提交与之相关的术语表，以保证译文中术语翻译的统一。客户提交的术语表往往比较权威。经过简单审校后，通过相关格式变动可以直接补充进现有术语库中。同时进一步挖掘甲方新近完成的标准译文，将其中的术语补充到现有术语库当中。

（2）翻译人员根据原文件整理定义术语。翻译人员拿到待翻译的文献后，先要通读原文本，然后在计算机辅助环境下，结合人工定义用 SDL 公司推出的独立的计算机术语提取工具 SDL MultiTerm Extract 提取术语，并结合人工判定将其中的术语逐个整理出来，建立术语库。

该软件在油气管道现有术语库建设中能够发挥非常大的作用，可以根据用户对译文中术语的各种定义自动定位，并从现有单语和双语文档中提取术语。翻译人员根据原文件手工整理的术语，可以先在 SDL MultiTerm Extract 程序中建立一个术语库文件，而后将术语数据整理到 Excel 表格中进行转换和导入。术语的整理工作从用户翻译业务开始，贯穿始终。

2. 补充接纳其他术语库术语

对于安东石油术语库、GB/T 4016—2019 等其他石油类术语库中的术语，剔除与现有数据库中重复的以及与油气管道相关性不大或者认为不符合油气管道领域习惯要求的术语后补充至现有术语库中，提升术语数量，从而提高翻译水平与质量。

3. 提取上述油气管道术语的编译，现有术语库的补充管理措施

术语的编译需要专人将依据上述来源和渠道提取出来的术语表预处理之后，分配给具体

翻译人员，不同语种的翻译人员参照术语管理指南进行术语翻译，并由油气管道行业专家和熟悉油气管道领域的外籍译审进行审校。为便于翻译人员对术语的正确采用，每条术语除对应多种语言的译文，还编辑附有整个条目和单个术语的说明性信息。

三、机器翻译系统的部署

除了在一些离线设备上使用机器翻译，更多时候，机器翻译系统会部署在运算能力较强的服务器上。一方面，随着 NMT 的大规模应用，在 GPU 服务器上部署机器翻译系统已经成了常态；另一方面，GPU 服务器的成本较高，而且很多应用中需要同时部署多个语言方向的系统时，如何充分利用设备以满足大规模的翻译需求就成了不可回避的问题。机器翻译系统的部署应注意几个方面问题：

对于多语言翻译的场景，使用多语言单模型翻译系统是一种很好的选择。当多个语种的数据量有限、使用频度不高时，这种方法可以很有效地解决翻译需求中的"长尾"问题，例如，一些线上机器翻译服务已经支持超过 100 种语言的翻译，其中大部分语言之间的翻译需求是相对低频的，因此使用同一个模型进行翻译可以大大节约部署和运维的成本。

使用基于枢轴语言的翻译也可以有效地解决多语言翻译问题。这种方法同时适合统计机器翻译和 NMT，因此很早就使用在大规模机器翻译部署中。

在 GPU 部署中，由于 GPU 的成本较高，可以考虑在单个 GPU 设备上部署多套不同的系统，如果这些系统之间的并发不频繁，则翻译延时不会有明显增加。这种多个模型共享一个设备的方法更适合翻译请求相对低频但翻译任务多样的情况。

机器翻译的大规模 GPU 部署对显存的使用也很严格。GPU 显存较为有限，因此要考虑模型运行时的显存消耗问题。一般来说，除了对模型进行压缩和结构优化，还需要对模型的显存分配和使用进行单独的优化。例如，使用显存池来缓解频繁申请和释放显存空间造成的延时问题。另外，也可以尽可能地让同一个显存不复用与显存块保存生命期不重叠的数据，避免重复开辟新的存储空间。图 5-16 展示了一个显存不复用与显存复用的示例。

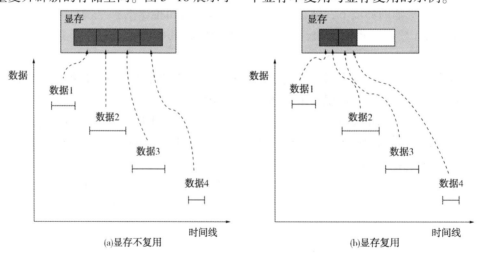

图 5-16　显存不复用与显存复用的示例

在翻译请求高并发的场景中，使用批量翻译也是有效利用 GPU 设备的方式。不过，机器翻译是一个处理不定长序列的任务，输入的句子长度差异较大。而且由于译文长度无法预知，进一步增加了不同长度的句子所消耗计算资源的不确定性。这时，可以让长度相近的句子在一个批次里处理，减少句子长度不统一造成的补全过多、设备利用率低的问题，如可以按输入句子长度范围分组，也可以设计更加细致的方法对句子进行分组，以最大化批量翻译中设备的利用率。

除了上述问题，如何在多设备环境下进行负载均衡、容灾处理等都是大规模机器翻译系统部署中要考虑的。有时，甚至统计机器翻译系统也可以与 NMT 系统混合使用。统计机器翻译系统对 GPU 资源的要求较低，纯 CPU 部署的方案也相对成熟，可以作为 GPU 机器翻译服务的灾备。此外，还有些任务，特别是对于某些低资源翻译任务，统计机器翻译仍然具有优势。

将油气管道系统的外文标准文献翻译作为应用场景进行实例应用。选取 OpenNMT-py 模型展开训练。将选取的英文与俄文标准文本经过程序预处理后，系统会生成中文词典 demo. src. dict、英文词典 demo. tgt. dict 和 torch 训练所需要的数据 demo-train. t7 三个文件。调用 OpenNMT 翻译框架对 demo-train. t7 内数据进行训练。

四、系统智能翻译模块训练

为提高系统智能翻译模块翻译准确率，对于英文智能翻译模块，本系统使用中英文平行语料库、7 篇英文标准和油气管道专用术语库作为训练集训练英文标准翻译成中文的神经网络智能翻译系统，对于俄文智能翻译模块，以中俄文平行语料库、5 篇俄语标准作为训练集，基于系统智能翻译模块对标准原文进行翻译，并将翻译结果与经人工翻译的标准译义进行对照。该智能翻译的模型训练如图 5-17 所示，在 OpenNMT 开源神经网络系统中，可将英文和俄文的标准原文以及术语库作为神经网络的输入端，输出端为经过专业校核后人工翻译的中文译文。智能翻译系统训练过程结束后，需通过其他标准测试系统智能翻译模块的功能以及翻译准确率。

对于国外英文标准，首先选取了 4 篇油气管道领域的标准原文作为测试集，其中第一篇标准分别用三个术语库进行翻译，具体翻译效果如图 5-18 所示。

通过分析图 5-18 中三种术语库对该文段翻译结果影响的可知，图 5-18 中英文标准原文中的"electric welding"一词，经过安东石油术语库和 GB/T 4016—2019 训练后的智能翻译系统翻译的结果均为"电焊"，而采用国家管网集团标准化所术语库训练的智能翻译系统，翻译结果为"EW 电(阻)焊"，该词更符合工艺生产实际中常用的专业术语，翻译的专业程度显著提高。

由图 5-19 可看出，智能翻译系统采用不同术语库训练后对英文标准内容的翻译结果存在较明显的差别，如中英文标准原文中的"Qualified Person"一词，经过安东石油术语库和 GB/T 4016—2019 训练后的智能翻译系统翻译的结果均为"有资格人士"，翻译的结果明显不符合标准的行文规范，也不符合行业内用词习惯。而采用国家管网集团标准化所术语库训练的智能翻译系统，翻译结果为"合格人员"，这符合标准英文原文该词所表达的原意，具有良好的翻译准确性和专业性。

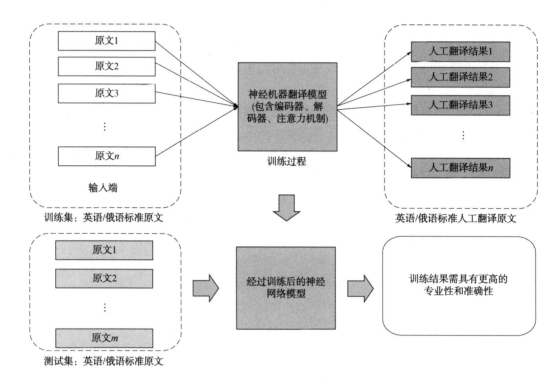

图 5-17　英语/俄语智能翻译模型训练

石油和石化工业中的安全焊接、切割和热加工实践

第1节——导言

1.1　目的

气体和电焊及切割作业是支持石油和石化业务的重要活动。参与这些操作的人员应彻底了解他们要履行的职责以及与所涉及的活动和材料相关的潜在危险。本推荐规程提供的信息有助于在石油和石化作业中安全地进行焊接、切割和其他热加工活动。对潜在危险的理解和应用这一知识有助于降低事故的可能性和严重性。

1.2　范围

本推荐实施规程提供了在炼油厂、天然气厂、石化厂和石油及石化工业中的其他设施中安全进行焊接、切割或其他热加工活动的指南。它包括评估在用设备上某些类型工作的程序的具体指南。

范围内不包括：

a. 遵守法规或规范的指南。
b. 热分接（这是API推荐的用于在*用设备上热分接的PAC-TICE* 2201程序的主题）。
c. 焊接技术、工艺技能或焊工资格。
d. 正常的“安全工作”实践，如坠落保护、PPE、滑倒/绊倒/跌倒等。
e. 在惰性环境中进入或工作（见API 2217A）。

本文档中提供的原则和资源具有广泛的适用性。一些活动（如石油钻探或海上作业）可能会受到特定法规或独特工作要求的约束，在制定焊接和热加工计划时应予以考虑。

虽然从事焊接和其他热作业的人员需要高度的技能，并应符合他们所做工作的资格，但人员的资格不在本文涵盖了包括结构在内的广泛应用。API RP 582、API Std 1104和API RP 1107提供了与化学、石油、天然气和管道行业中使用的焊接设备、技术、工艺和测试相关的附加指南。

1.3　追溯力

本出版物中与程序或设计相关的任何规定旨在供新项目参考，如修订程序或设计新设施，或在考虑重大修订或扩建时。本出版物中的任何建议无意追溯适用于现有设施或对先前实践的评估。当希望或需要审查项目或设施时，这种推荐的做法应提供有用的指导。

1.4　危险与风险的概念

危险是材料具有造成伤害的内在能力的特性。易燃性、毒性、腐蚀性和储存的化学或机械能都是与各种工业材料相关的危害。风险需要暴露。热的表面或材料会导致皮肤热烧伤，或者腐蚀性酸会导致化学皮肤烧伤，但这些只有在接触皮肤时才会发生。当没有潜在的暴露时，就没有风险。

确定风险水平包括了解危险因素和估计可能导致伤害的暴露概率和严重性。虽然前面的例子将危害与对人的风险联系起来，但同样的原则也适用于评估财产风险。例如，与空气混合的易燃混合物中的碳氢化合物蒸汽如果暴露在点火源中会点燃，导致可能损坏财产的火灾。

1.5　一般热加工工艺

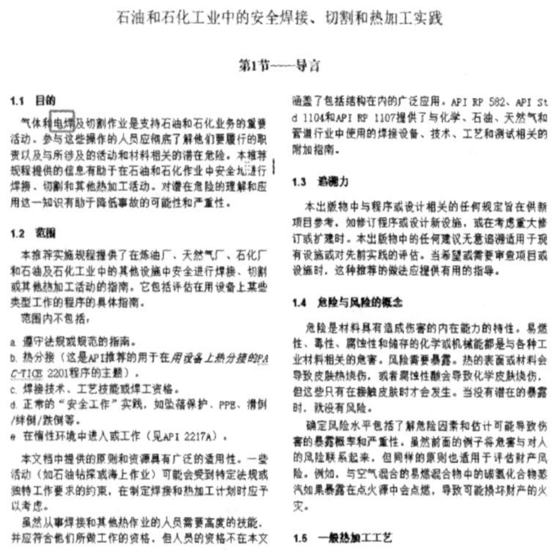

(a)智能翻译系统经安东石油术语库
训练后翻译的标准文本

石油和石化工业中的安全焊接、切割和热加工实践

第1节——导言

1.1　目的

气体和电焊及切割作业是支持石油和石化业务的重要活动。参与这些操作的人员应彻底了解他们要履行的职责以及与所涉及的活动和材料相关的潜在危险。本推荐规程提供的信息有助于在石油和石化作业中安全地进行焊接、切割和其他热加工活动。对潜在危险的理解和应用这一知识有助于降低事故的可能性和严重性。

1.2　范围

本推荐实施规程提供了在炼油厂、天然气厂、石化厂和石油及石化工业中的其他设施中安全进行焊接、切割或其他热加工活动的指南。它包括评估在用设备上某些类型工作的程序的具体指南。

范围内不包括：

a. 遵守法规或规范的指南。
b. 热分接（这是API推荐的用于在*用设备上热分接的PAC-TICE* 2201程序的主题）。
c. 焊接技术、工艺技能或焊工资格。
d. 正常的“安全工作”实践，如坠落保护、PPE、滑倒/绊倒/跌倒等。
e. 在惰性环境中进入或工作（见API 2217A）。

本文档中提供的原则和资源具有广泛的适用性。一些活动（如石油钻探或海上作业）可能会受到特定法规或独特工作要求的约束，在制定焊接和热加工计划时应予以考虑。

虽然从事焊接和其他热作业的人员需要高度的技能，并应符合他们所做工作的资格，但人员的资格不在本文涵盖了包括结构在内的广泛应用。API RP 582、API Std 1104和API RP 1107提供了与化学、石油、天然气和管道行业中使用的焊接设备、技术、工艺和测试相关的附加指南。

1.3　追溯力

本出版物中与程序或设计相关的任何规定旨在供新项目参考，如修订程序或设计新设施，或在考虑重大修订或扩建时。本出版物中的任何建议无意追溯适用于现有设施或对先前实践的评估。当希望或需要审查项目或设施时，这种推荐的做法应提供有用的指导。

1.4　危险与风险的概念

危险是材料具有造成伤害的内在能力的特性。易燃性、毒性、腐蚀性和储存的化学或机械能都是与各种工业材料相关的危害。风险需要暴露。热的表面或材料会导致皮肤热烧伤，或者腐蚀性酸会导致化学皮肤烧伤，但这些只有在接触皮肤时才会发生。当没有潜在的暴露时，就没有风险。

确定风险水平包括了解危险因素和估计可能导致伤害的暴露概率和严重性。虽然前面的例子将危害与对人的风险联系起来，但同样的原则也适用于评估财产风险。例如，与空气混合的易燃混合物中的碳氢化合物蒸汽如果暴露在点火源中会点燃，导致可能损坏财产的火灾。

1.5　一般热加工工艺

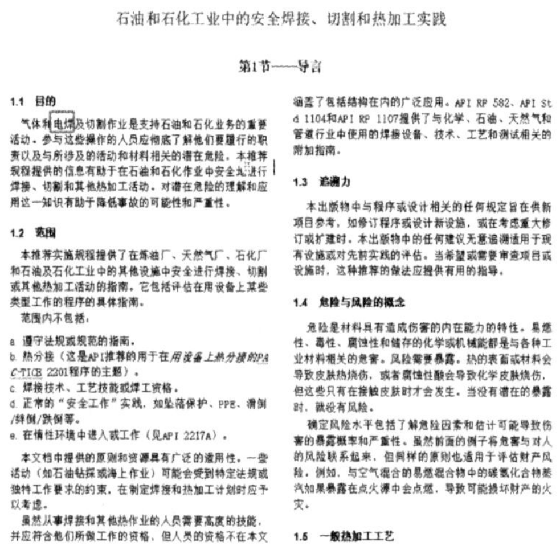

(b)智能翻译系统经GB/T 4016—2019
训练后翻译的标准文本

图 5-18　三种术语库对翻译结果影响

continuous welding; CW连续炉焊
electric welding; EW电（阻）焊
electric welding pipe; EW pipe电（阻）焊管
electric welding seam; EW seam电（阻）焊缝

(c)智能翻译系统经国家管网集团标准化所术语库
训练后翻译的标准文本

(d)国家管网集团标准化所术语库部分术语

图 5-18　三种术语库对翻译结果影响（续）

由翻译结果可见，采用国家管网集团标准化所术语库训练翻译后，由于该术语库包含的术语数量远大于安东石油术语库和 GB/T 4016—2019，标准文本翻译的专业性和准确性显著提高，翻译内容更符合油气管道标准术语规范性要求，因此，智能翻译系统应选用国家管网集团标准化所术语库作为语料库。

五、系统智能翻译模块应用

选取 ASME B31.12—2019+ERTA—2020 为标准范例，采用经过国家管网集团标准化所术语库和 7 篇标准原文和译文训练后的智能翻译系统进行翻译，并将翻译结果与人工翻译译文进行对比，对所选的标准选取的若干章节展开翻译准确率测试，准确率计算公式如式(5-14)所示。

$$\eta = \frac{n_{correct}}{n_{overall}} \tag{5-14}$$

式中　η——翻译准确率；

$n_{correct}$——翻译成中文的文本中翻译准确的词语数量；

$n_{overall}$——翻译成中文的文本中所有的汉语词数。

经过对两种翻译结果人工比对，应用式(5-14)进行计算后，智能翻译结果的准确率如图 5-19~图 5-23 和表 5-3 所示。

表 5-3　ASME B31.12—2019+ERTA- 2020 标准各部分翻译准确率统计结果

测试原文	选取章节	翻译结果准确率
ASME B31.12—2019+ERTA—2020	GR-3.2.9	91%
	GR-3.3	91.5%
	GR-3.8.5	90.1%
	GR-3.8.6	90.8%

第四部分职业分析

4.1 职业分析

工作过程中的 Þrst 步骤是确定需要完成的工作以及如何完成相关工作。应进行工作范围分析，以确定在合理的工程和经济范围内是否存在热工活动的替代方案。这是考虑替代工作程序(如冷切割)的合适时机。

如果经过审查，确实需要热工，则以下优先事项符合良好做法和监管要求：

a.在可能和可行的情况下，应将工作转移到安全区域。通常，这是指定为热工安全的区域 speciÞcally，如维修焊接车间或外围制造区域。

b.如果工作不能移动，则审查应确定是否可以将 Þre 附近的危险转移到安全的地方。

c.如果要进行热工的物体不能移动，如果所有的 Þre 危险都不能移除，则应使用物理屏障来 conÞne 点火源(如热量、火花和炉渣)，并保护不可移动的 Þre 危险不被点燃。

如果工作只能在原地进行热工，则应仔细分析每项活动是否存在各种危险

如本出版物或与所涉材料相关的 msds 中讨论的潜在危害(见第 5 节)。与上述步骤 c 中的保障措施一起，这应最大限度地降低热作业可能提供人员暴露源或可能导致 Þre 或爆炸的着火危险源的风险。每种危险的后果都应仔细权衡，并考虑在热工过程中可能发生的意外情况。

应制定应急计划，以 Þnish 热工不发生事故，包括必要时的替代方法(如工厂操作的变化)。应急计划应包括 Þre Þght- ing、人员疏散或社区 notiÞcations 的潜在事故需求。

4.2 由有资格人士进行评审

某些类型设备的工作必须在工作开始前由 qualiÞed 人员进行审查和批准。船舶、交换器和储罐的热工、焊接或修理通常需要 qualiÞed 人员的评估和批准。这些人可能是经验丰富的工程人员，压力设备专家或有执照的检验员。通常，当可能需要更多的技术或工程知识或法规或代码要求时，使用此审查。这种评审应该作为工作分析的一部分来进行。

(a)安东石油术语库

第四部分职业分析

4.1 职业分析

工作过程中的 Þrst 步骤是确定需要完成的工作以及如何完成相关工作。应进行工作范围分析，以确定在合理的工程和经济范围内是否存在热工活动的替代方案。这是考虑替代工作程序(如冷切割)的合适时机。

如果经过审查，确实需要热工，则以下优先事项符合良好做法和监管要求：

a.在可能和可行的情况下，应将工作转移到安全区域。通常，这是指定为热工安全的区域 speciÞcally，如维修焊接车间或外围制造区域。

b.如果工作不能移动，则审查应确定是否可以将 Þre 附近的危险转移到安全的地方。

c.如果要进行热工的物体不能移动，如果所有的 Þre 危险都不能移除，则应使用物理屏障来 conÞne 点火源(如热量、火花和炉渣)，并保护不可移动的 Þre 危险不被点燃。

如果工作只能在原地进行热工，则应仔细分析每项活动是否存在各种危险

如本出版物或与所涉材料相关的 msds 中讨论的潜在危害(见第 5 节)。与上述步骤 c 中的保障措施一起，这应最大限度地降低热作业可能提供人员暴露源或可能导致 Þre 或爆炸的着火危险源的风险。每种危险的后果都应仔细权衡，并考虑在热工过程中可能发生的意外情况。

应制定应急计划，以 Þnish 热工不发生事故，包括必要时的替代方法(如工厂操作的变化)。应急计划应包括 Þre Þght- ing、人员疏散或社区 notiÞcations 的潜在事故需求。

4.2 由有资格人士进行评审

某些类型设备的工作必须在工作开始前由 qualiÞed 人员进行审查和批准。船舶、交换器和储罐的热工、焊接或修理通常需要 qualiÞed 人员的评估和批准。这些人可能是经验丰富的工程人员，压力设备专家或有执照的检验员。通常，当可能需要更多的技术或工程知识或法规或代码要求时，使用此审查。这种评审应该作为工作分析的一部分来进行。

(b)GB/T 4016—2019《石油产品术语》

图 5-19　采用不同术语库和油气管道标准原文训练对翻译结果的影响

第四部分 职业分析

4.1 职业分析

工作过程中的 þrst 步骤是确定需要完成的工作以及如何完成相关工作。应进行工作范围分析，以确定在合理的工程和经济范围内是否存在热工活动的替代方案。这是考虑替代工作程序(如冷切割)的合适时机。

如果经过审查，确实需要热工，则以下优先事项符合良好做法和监管要求：

a.在可能和可行的情况下，应将工作转移到安全区域。通常，这是指定为热工安全的区域 speciþcally，如维修焊接车间或外围制造区域。

b.如果工作不能移动，则审查应确定是否可以将 þre 附近的危险转移到安全的地方。

c.如果要进行热工的物体不能移动，如果所有的 þre 危险都不能移除，则应使用物理屏障来 conþne 点火源(如热量、火花和炉渣)，并保护不可移动的 þre 危险不被点燃。

如果工作只能在原地进行热工，则应仔细分析每项活动是否存在各种危险

如本出版物或与所涉材料相关的 msds 中讨论的潜在危害(见第 5 节)。与上述步骤 c 中的保障措施一起，这应最大限度地降低热作业可能提供人员暴露源或可能导致 þre 或爆炸的着火危险源的风险。每种危险的后果都应仔细权衡，并考虑在热工过程中可能发生的意外情况。

应制定应急计划，以 þnish 热工不发生事故，包括必要时的替代方法(如工厂操作的变化)。应急计划应包括 þre þght‑ ing、人员疏散或社区 notiþcations 的潜在事故需求。

4.2 由合格人员进行评审

某些类型设备的工作必须在工作开始前由 qualiþed 人员进行审查和批准。船舶、交换器和储罐的热工、焊接或修理通常需要 qualiþed 人员的评估和推荐。这些人可能是经验丰富的工程人员，压力设备专家或有执照的检验员。通常，当可能需要更多的技术或工程知识或法规或代码要求时，使用此审查。这种评审应作为工作分析的一部分来进行。

(c)国家管网集团标准化所术语库

owner/operator 业主、运营者
oxygen monitor 氧气监测仪
Permit 许可
Permit system 许可
production availability 生产可用性
public safety answering point SAP
Qualified Person 合格人员
reliability and maintainability data; RM data 可靠性和可维护性数据
Rescue 救援
Resilience 恢复
respond/response 响应
risk-based analysis 基于风险的分析
rundown coverage 缩减范围

(d)国家管网集团标准化所术语库部分术语

图 5-19　采用不同术语库和油气管道标准原文训练对翻译结果的影响(续)

GR-3.2.8 Welder Operator Qualifications

Welder operator qualifications with or without filler material (autogenous welding) shall be limited to the mechanized WPS/PQR and ASME BPVC, Section IX, or API Standard 1104. Three consecutive, acceptable samples shall be required to support welder operator qualification testing.

GR-3.2.9 Welding and Brazing Records

(a) Each construction organization shall maintain documented records of the following:

(1) WPS(s)/BPS(s) and PQR(s) for the duration of their use

(2) performance qualifications of the welders, brazers, and welding operators

(3) dates and test results of procedure and performance qualifications

(4) unique identification of the WPS/BPS/PQR

(5) identification number or symbol assigned to each welder and welding operator

(6) identification of the production weldment or brazement and the personnel who performed the welding or brazing

(b) Records shall be made available to the Inspector.

(b) If two abutting surfaces are to be welded to a third member used as a backing ring, and one or two of the three members are ferritic and the other member or members are austenitic, the satisfactory use of such materials shall be demonstrated by a welding procedure qualified as required by para. GR-3.2.4.

(c) Nonferrous Backing Rings. Backing rings of nonferrous material may be used, provided the engineering design approves their use and the welding procedure using them is qualified as required by para. GR-3.2.4. Nonmetallic backing shall be prohibited.

(d) Backing rings shall be solid, formed, or machined, which may be of the flat or tapered design. (Refer to PFI ES-01.)

GR-3.3.3 Consumable Inserts

Consumable inserts may be used, provided they are of the same nominal composition as the filler metal and will not cause detrimental alloying of the subsequent weld deposit. The welding procedure using consumable inserts shall be qualified as required by para. GR-3.2.4. The consumable insert shall be used for welding the root pass of butt welded pipe components requiring CWJP using the GTAW or PAW processes.

(a)测试原文

GR-3.2.8 焊工操作员资格定
有或无填充材料(自焊)的焊工操作员资格鉴定应该限于机械化焊接工艺规程(WPS)/工艺评定报告(POR)和美国机械工程师协会(ASME)《锅炉及压力容器规范(BPVC)》第九节或美国石油协会(API)标准1104的要求。应该需要三个连续的可接受样本,以支持焊工操作员资格测试。
GR-3.2.9 焊接和钎焊记录
(a)各施工组织应该保存以下文件记录:
(1)使用期间的焊接工艺规程(WPS)/基本程序设计系统(BPS)/工艺评定报告(PQR)
(2)焊工、钎焊工和焊接操作员的绩效合格鉴定
(3)程序和绩效合格鉴定的日期和测试结果
(4)焊接工艺规程(WPS)/基本程序设计系统(BPS)/工艺评定报告(PQR)的唯一标识
(5)分配给每位焊工和焊接操作员的识别号或符号
(6)生产焊件或钎焊件以及执行焊接或钎焊人员的标识
(b)应该向检查员提供记录。
GR-3.2.18 再鉴定要求
如果焊工、钎焊工或焊接操作员在6个月或更长时间内未参与给定的焊接或钎焊过程工作,则应该要求该焊工、钎焊工或焊接操作员进行焊接或钎焊过程的再鉴定测试。每种过程工作的再鉴定应该按照资格认证规范、美国机械工程师协会(ASME)《锅炉及压力容器规范(BPVC)》第九节或美国石油协会(API)标准1184进行

(b)OpenNMT系统翻译结果

GR-3.2.8 焊工操作员资格定
有或无填充材料(自焊)的焊工操作员资格鉴定应该限于机械化焊换工艺规程(WPS)/工艺评定报告(POR)和美国机械工程师协会(ASME)《锅炉及压力容器规范(BPVC)》第九节或美国石油协会(API)标准1104的要求。应该需要三个连续的可接受样本,以支持焊工操作员资格测试。
GR-3.2.9 焊接和钎焊记录
(a)各施工组织应该保存以下记录:
(1)使用期间的焊接工艺规程(WPS)/基本程序设计系统(BPS)/工艺评定报告(POR)
(2)焊工、钎焊工和焊接操作员的绩效合格鉴定
(3)程序和绩效合格鉴定的日期和测试结果
(4)焊接工艺规程(WPS)/基本程序设计系统(BPS)/工艺评定报告(PQR)的唯一标识
(5)分配给每位焊工和焊接操作员的识别号或符号
(6)生产焊件或钎焊件以及执行焊接或钎焊人员的标识(b)应该向检查员提供记录。
GR-3.2.18 再鉴定要求
如果焊工、钎焊工或焊接操作员在6个月或更长时间内未参与给定的焊接或钎焊过程工作,则应该要求该焊工、钎焊工或焊接操作员进行焊接或钎焊过程的再鉴定测试。每种过程工作的再鉴定应该按照资格认证规范、美国机械工程师协会(ASME)《锅炉及压力容器规范(BPVC)》第九节或美国石油协会(API)标准1184进行

(c)人工翻译结果

图 5-20　ASME B31.12—2019+ERTA—2020 标准中 GR-3.2.9 部分翻译结果对照

not engaged in a given process of welding or brazing for 6 months or more. Requalification for each process shall be performed in accordance with the qualifying code, ASME BPVC, Section IX or API Standard 1104.

GR-3.3 WELDING AND BRAZING MATERIALS

The requirements for qualifications and construction of weldments and brazements of piping components are provided in paras. GR-3.3.1 through GR-3.3.4.

tion test is successfully made.

GR-3.4 CONSTRUCTION OF WELDMENTS

(a) The construction of weldments shall include the following:

(1) weld joint connections for piping components
(2) weld metal buildup and weld repairs
(3) qualification of procedures, welders, and welding operators

(a)测试原文

14 GR-3.3焊接和钎焊材料
15 管道部件焊接件和钎焊件的鉴定和结构要求见第GR-3.3.1至GR-3.3.4.
16 GR-3.3.1焊条和填充金属
17 焊条和填充金属应符合ASME BPVC第二节C部分的要求。如果首次成功进行了工艺评定试验，则在业主批准的情况下，可使用未纳入ASME BPVC第一节C部分中的焊条或填充金属。（见非强制性附录A。）

(b)OpenNMT系统翻译结果

《锅炉及压力容器规范（BPVC）》第九节或美国石油协会（API）标准1104进行。
14 GR-3.3 焊接和钎焊材料
15 管道部件焊接件和钎焊件的鉴定和建造要求见第GR-3.3.1至GR-3.3.4款。
16 GR-3.3.1 焊条和填充金属
17 焊条和填充金属应该符合美国机械工程师协会（ASME）《锅炉及压力容器规范（BPVC）》第二节C部分的要求。如果首次成功进行了工艺鉴定试验，则未纳入美国机械工程师协会（ASME）《锅炉及压力容器规范（BPVC）》第二节C部分的焊条或填充金属可经业主批准使用。（见非强制性附录A）

(c)人工翻译结果

图 5-21 ASME B31. 12—2019+ERTA—2020 标准中 GR-3. 3 部分翻译结果对照

(1) Alignment using mechanical alignment tools may be used to maintain alignment of the joint to be brazed.
(2) The joint clearance shall be maintained within the specified limits of the BPS/PQR to achieve the proper capillary action to distribute the molten filler metal between the surfaces of the base metal during the brazing operation.
(3) The specified lap of each joint type shall be fully inserted for alignment and maximum strength at the joint.

(d) Joint Brazing. All brazements for hydrogen service shall be considered critical. The following requirements shall apply:

(1) Brazed joints are limited to tubular lap or butt-lap joints and shall meet the more stringent requirements of this Code or the engineering design. See Nonmandatory Appendix A, para. A-3.3 for AWS C3.3, Recommended Practices for the Design, Manufacture, and Examination of Critical Brazed Components.
(2) Use brazed fittings manufactured in accordance with ASME B16.50.
(3) Manually apply the brazing filler metal by face-feeding into the joint. Preplaced brazing filler metal may be in the form of rings, strips, or shims. Visual observation after brazing shall show the required penetration and filler on both sides of the joint.
(4) The joint must allow for proper purge gas backing of the pipe component I.D. when required.
(5) Specified fluxes shall be applied to the joint surfaces to promote wetting and prevent oxide formation during the brazing operation.
(6) All brazed joints shall have complete penetration, whether brazed from one side or from both sides.

(a)测试原文

GR-3.8.5接头准备、对准和钎焊
(a)（a） 管道部件端头的准备。机械切割和机加工方法应适用于管道部件的规定基材。方法应针对材料类型，如钢、铜合金和奥氏体不锈钢。
(b)（b） 接头的制备
(1)（1） 用填充金属钎焊的端部应通过机加工或表面处理进行准备，以提供符合以下要求的方形端部或接头详图：图形 GR-3.8-1.
(2)（2） 应适当清洁钎焊接头以及内外表面区域，最小距离为25 mm（1 in.）。
(c)（c） 钎焊对准
(1)（1） 使用机械对准工具的对准可用于保持待钎焊接头的对准。
(2)（2） 接头间隙应保持在BPS/PQR的规定范围内，以在钎焊操作期间实现适当的毛细作用，将熔融填充金属分布在母材表面之间。
(3)（3） 每种接头类型的指定搭接应完全插入，以对齐接头并获得最大强度。
(d)（d） 接头钎焊。所有用于氢气服务的钎焊应视为关键。以下要求应适用：
(1)（1） 钎焊接头仅限于管状搭接或对接搭接接头，并应符合本规范或工程设计的更严格要求。见非强制性附录A，第。A-3.3适用于AWS C3。3、关键钎焊部件的设计、制造和检验的推荐规程。
(2)（2） 使用根据ASME B16制造的钎焊配件。50
(3)（3） 通过将钎料正面送入接头中，手动涂敷钎料。预先放置的钎焊填充金属可以是环、条或垫片的形式。钎焊后的目视观察应显示接头两侧所需的渗透和填料。
(4)（4） 必要时，接头必须允许管道部件内径的适当吹扫气体。
(5)（5） 应将规定的焊剂应用于接头表面，以促进润湿并防止钎焊操作期间形成氧化物。
(6)（6） 所有钎焊接头应具有完全穿透，无论是从一侧还是从两侧钎焊。

1 GR-3.8.5 接头准备、定位和钎焊
2 （a）管道组件端部的制备。机械切割和机加工方法应适用于指定的管件基材。这些方法应适用于特定的材料类型，例如钢、铜合金和奥氏体不锈钢。
3 （b）接头准备
4 （1）使用填充金属钎焊的端部应接受机械加工或表面处理，以满足图GR-3.8-1中的平头端部或接头细节要求。
5 （2）应正确清洁钎焊接头以及内表面和外表面区域至少25 mm（1英寸）的距离。
6 （c）钎焊定位
7 （1）可以使用机械定位工具进行定位，以保持待钎焊接头的定位。
8 （2）接头间隙应保持在基本程序设计系统（BPS）/工艺评定报告（PQR）的规定范围内，产生的适当毛细管作用，从而实在钎焊操作期间将熔融填充金属分布在母材表面之间。
9 （3）每种接头类型的指定搭接应以最大强度完全地插入接头处定位。
10 （d）联合钎焊。氢气服务的所有钎焊件都是关键步骤。应适用以下要求：
11 （1）钎焊接头仅限于管状搭接或对接搭接，应满足本规范或更严格的工程设计要求。参见非强制性附录A，AWS C3.3第A3.3款：关键钎焊组件的设计、制造和检查的推荐规范。
12 （2）使用按照ASME B16.50制造的钎焊配件。
13 （3）通过表面供料方式，手动将硬钎料涂布到接头中。可以通过环形、条状或垫片的形式预置硬钎料。钎焊后，目视检查应观察到接头两侧的焊透量和填充量符合要求。
14 （4）在需要的情况下，接头必须确保管道组件内径能够允许进行适当的气体吹扫。
15 （5）将指定的焊剂涂在接合面上，促进润湿并防止在钎焊操作过程中形成氧化物。
16 （6）无论是从一侧还是从两侧进行钎焊，所有钎焊接头都应完全熔透。

(b)OpenNMT系统翻译结果与人工翻译结果的对照(左侧为OpenNMT系统翻译结果，右侧为人工翻译结果)

图 5-22 ASME B31. 12—2019+ERTA—2020 标准中 GR-3. 8. 5 部分翻译结果对照

GR-3.8.6 Brazing Fluxes

Brazing fluxes shall be applied to remove oxides and contaminants from base materials to ensure good-quality brazed joints. They remove only surface oxides and tarnish; other contaminants (oil, grease, lubricants, and protective coating) must be removed either mechanically or chemically before brazing.

(a) Flux selection shall be based on

(1) base material type.

(2) filler material type.

(3) flux temperature range. For manual torch brazing, select a flux that is active at 56°C (100°F) below the solidus of the brazing filler metal and that remains active up to 167°C (300°F) above the filler metal liquidus.

Flux performance is affected by the brazing time and temperature. To control flux exhaustion, prolonged heating cycles and heating above the flux temperature limits shall be avoided.

(b) Flux Application. To protect the surfaces to be brazed effectively, the flux must completely cover and protect them until the brazing temperature is reached. It must remain active throughout the brazing cycle,

(a)测试原文

GR-3.8.6钎焊剂
应使用钎焊剂去除基材上的氧化物和污染物，以确保钎焊接头的质量。它们只去除表面氧化物并使其失去光泽；其他污染物（油、油脂、润滑剂和保护涂层）必须在钎焊前通过机械或化学方法去除。
(a)（a） 焊剂选择应基于：
(1)（1） 基础材料类型。
(2)（2） 填充材料类型。
(3)（3） 通量温度范围。对于手动焊炬钎焊，选择在钎料固相线以下56°C（100°F）下具有活性且在钎料液相线以上167°C（300°F）内保持活性的焊剂。
焊剂性能受钎焊时间和温度的影响。为控制焊剂耗尽，应避免延长加热周期和加热超过焊剂温度限制。
(b)（b） 焊剂应用。为了有效保护待钎焊表面，焊剂必须完全覆盖并保护它们，直到达到钎焊温度。它必须在整个钎焊循环中保持活性，
因为熔融填充金属应在钎焊温度下置换来自接头的焊剂。
(1)（1） 焊剂应用于接合面和相邻表面。
(2)（2） 过量的焊剂不会影响接头质量，也不会去除焊剂，因为残留物中的金属氧化物含量较少，更易溶于水。
(3)（3） 将焊剂施加到接头附近的表面有助于防止工件氧化，并可充当焊剂贮存器，将焊剂排入接头。

17 GR-3.8.6 钎剂
18 应使用钎剂去除基材上的氧化物和污染物，确保钎焊接头质量合格。但是，钎剂仅用于去除表面氧化物和污点；其他污染物（油污、油脂、润滑剂和保护涂层）必须在钎焊前以机械或化学方式清除。
19 （a）在选择焊剂时，应基于以下标准
20 （1）基材类型。
21 （2）填充材料类型。
22 （3）焊剂温度范围。对于手动焊炬钎焊，选择的焊剂应当在低于硬钎料固相线56°C（100°F）时有效并在高于硬钎料液相线167°C（300°F）时保持有效。
23 钎焊时间和温度对焊剂性能会产生影响。为控制焊剂耗尽，应避免延长加热周期和加热温度高于焊剂的温度上限。
24 （b）焊剂应用。为了有效地保护待钎焊的表面，必须全面覆盖焊剂以保护表面，直到达到钎焊温度。必须在整个钎焊周期中保持活性，因为熔融填充金属将在钎焊温度下置换接头中的焊剂。
25 （1）焊剂应施加到接合面和相邻表面。
26 （2）过量的焊剂不会影响接头质量，也不会影响焊剂的清除，因为残留物中的金属氧化物较少，更易溶于水。
27 （3）在接头附近的表面上涂抹焊剂有助于防止工件氧化，在将助焊剂排入接头之前，可用于储存焊剂。
28 （4）但是，焊剂用量太少会导致焊剂过早耗尽和覆盖不足，导致钎焊接头不牢固或外观不佳。

(b)OpenNMT系统翻译结果与人工翻译结果的对照(左侧为OpenNMT系统翻译结果，右侧为人工翻译结果)

图 5-23　ASME B31. 12—2019+ERTA—2020 标准中 GR-3. 8. 6 部分翻译结果对照

结果表明，人工选取的翻译准确率均超过 90%。ASME B31. 12—2019ERTA—2020 各个章节，采用经过不同术语库和油气管道标准原文进行训练后的 OpenNMT 开源系统翻译的结果与人工翻译的译文所表达的意义基本吻合。

Facebook 翻译引擎为使用 M2M 100 模型的开源翻译系统，可分别完成对英文和俄文标准原文的翻译任务，并可完成超过 100 种语言之间的互译，是一种成熟的开源翻译系统。其中，M2M 100 模型的开发基于 Facebook 的多语言模型 XLM-R，使用 ccAligned、ccMatrix 和 LASER 等开源数据挖掘工具收集了包含 100 多种语言中超过 75 亿个句子，具有十分丰富的语料库，以保证翻译的准确性和可靠性。

为验证本翻译系统对英文和俄文标准翻译的可靠性，可将本系统的翻译准确率与 Facebook开源翻译引擎对比。翻译的文本对比准确率对比结果如表 5-4 所示，按照式(5-14)计算的结果表明，采用本系统进行翻译后，英文、俄文标准不同段落的翻译准确率均达到 90% 以上。然而，采用 Facebook 开源引擎进行翻译后，翻译准确率普遍不足 80%。表明加入标准专业术语库后的 OpenNMT 开源翻译系统语料库中专业词汇量显著增大，对油气管道领域更具有针对性，使得该系统对英文与俄文标准的翻译具有更高的准

确性和专业性。

表 5-4　本智能翻译系统和 Facebook 翻译的准确率测试结果对比

测试原文	选取章节	翻译结果准确率	
		Facebook 翻译	本系统方法
ASME B31. 12—2019	GR-3. 2. 8~GR-3. 4	80. 5%	91%
+ERTA—2020	GR-3. 8. 5~GR-3. 8. 8	78. 5%	91. 5%
Р Газпром 2-2. 2-669—2012	5. 1. 2	90. 5%	88. 5%

　　本智能翻译系统和 Facebook 翻译系统对俄语标准的翻译结果如图 5-24 所示，从整体翻译质量看，本智能翻译系统翻译的准确性和流畅性均高于 Facebook 系统。例如，5.1.2 部分最后一句 "Аварийной секцией в пределах аварийного участка считается участок от места разрыва до ближайшего линейного（охранного）крана, перекрытого при локализации аварии." 该智能翻译系统将所有句子均准确翻译成中文，"ближайшего линейного（охранного）крана" 被准确翻译成 "线路（保护）起重机区域"，而在 Facebook 的翻译结果中，"ближайшего линейного" 词组未被翻译出。"Линейного" 一词还被翻译成线性，表达不准确。对于语句 "Аварийными участками при аварии на многониточном"，智能翻译系统的翻译结果为 "多线路 MG 事故中的紧急区段"，尽管 "МГ" 这一缩写词由于术语库的限制未被翻译出来，但 "многониточном" 的翻译结果为多线路，与人工译文的 "复线天然气干线管道" 翻译结果较为接近。用 M2M 100 的翻译结果为 "多线程 MG 事故中的紧急区段"，翻译成 "多线程" 明显存在语义不通顺的问题，且用词表达不准确。对于语句 "Расчет объема выбрасываемого газа при аварии на однониточном МГ"，智能翻译系统的翻译结果为 "单线 MG 事故中排放气体量的计算"，与人工译文 "单线天然气干线管道事故天然气排放量计算" 相比，翻译基本准确，语义顺序基本相同。然而，采用 M2M 100 的翻译结果为 "计算单线 MG 事故中排放的气体量"，尽管翻译基本准确，但语义顺序并不恰当。总体来看，对于俄语标准，本智能翻译系统比 Facebook 的翻译更为准确。

　　5.1.2 Аварийными участками при аварии на однониточном МГ считаются участки от места разрыва трубопровода до компрессорных станций вверх (первый аварийный участок) и вниз (второй аварийный участок) по потоку газа горючего природного (далее – газ). Аварийной секцией в пределах аварийного участка считается участок от места разрыва до ближайшего линейного (охранного) крана, перекрытого при локализации аварии.

　　5.1.3 Аварийными участками при аварии на многониточном МГ считаются участки от места разрыва трубопровода до компрессорных станций вверх (первый аварийный участок) и вниз (второй аварийный участок) по потоку газа, включающие все параллельные нитки, которые соединены открытыми перемычками с аварийной ниткой. Аварийной секцией в пределах аварийного участка считается участок от места разрыва до ближайшего линейного (охранного) крана, перекрытого при локализации аварии, или до открытой перемычки, если она ближе к месту разрыва.

(a)俄语标准测试原文

图 5-24　俄语标准 СТО Газпром 2-1. 19-530—2011 的 5. 1. 2 部分翻译的准确率测试结果

5.1.2 单航站事故中的紧急区域被认为是从管道断裂点到压缩机站点向上(第一个紧急区域)和向下(第二个紧急区域)沿天然气流(以下简称气体)的区域。应急区段内的应急区段被认为是从断裂点到附近的线路(保护)起重机的区域,该起重机在事故定位时被覆盖。

5.1.3 多线路MG事故中的紧急区段应视为从管道断裂点到压缩机站向上(第一个紧急区段)和向下(第二个紧急区段)沿气体流的地段,包括所有平行的线路,这些线路由与紧急区段的开放连接连接。应急区段内的应急区段被认为是从断裂点到最接近的线性(保护)起重机的区域,在事故定位时被覆盖,或者到开放式交叉点,如果它更接近断裂的地方。

1 5.1.2 单线天然气干线管道发生事故时的事故段,即为管道断裂部位与可燃天然气(下文称 - 天然气)流上方(第一事故段)和下方(第二事故段)压缩机站之间的管段。事故段范围内的事故分段,即断裂部位与距离最近的线路(保护)开关之间管段,为防止事故蔓延可将其断开。

2 5.1.3 复线天然气干线管道发生事故时的事故段,即为管道断裂部位与天然气流上方(第一事故段)和下方(第二事故段)压缩机站之间管段,含所有通过露天跨越管与事故线路连接的并行线路。事故段范围内的事故分段,即断裂部位与距离最近的线路(保护)开关之间管段,为防止事故蔓延可将其断开;如果露天跨越管接近断裂部位,则为断裂部位与露天跨越管之间管段。

(b)OpenNMT系统翻译结果与人工翻译结果的对照(左侧为OpenNMT系统翻译结果,右侧为人工翻译结果)

5.1.2单径MG事故的紧急区域是指从管道破裂点到压缩站的向上(第一紧急区域)和向下(第二紧急区域)的天然气(以下简称天然气)流动的区域。应急区内的应急区段被认为是从断裂点到bli - жа ет线性(安全)起重机的区域,在事故发生的地方关闭。

5.1.3多线程MG发生事故时,从管道破裂点到气流上的压缩站(第一应急段)和下行(第二应急段)的紧急区域,包括所有平行线,这些线由开放式跳线与应急线连接。应急区内的应急区段被认为是从断点到最近的线性(安全)起重机的区域,在事故发生的地方关闭,或在事故发生的地方更近时关闭到开放跳线的区域断裂点。

1 5.1.2 单线天然气干线管道发生事故时的事故段,即为管道断裂部位与可燃天然气(下文称 - 天然气)流上方(第一事故段)和下方(第二事故段)压缩机站之间的管段。事故段范围内的事故分段,即断裂部位与距离最近的线路(保护)开关之间管段,为防止事故蔓延可将其断开。

2 5.1.3 复线天然气干线管道发生事故时的事故段,即为管道断裂部位与天然气流上方(第一事故段)和下方(第二事故段)压缩机站之间管段,含所有通过露天跨越管与事故线路连接的并行线路。事故段范围内的事故分段,即断裂部位与距离最近的线路(保护)开关之间管段,为防止事故蔓延可将其断开;如果露天跨越管接近断裂部位,则为断裂部位与露天跨越管之间管段。

(c)M2M100系统翻译结果与人工翻译结果的对照(左侧为M2M100系统翻译结果,右侧为人工翻译结果)

图 5-24　俄语标准 СТО Газпром 2-1.19-530—2011 的 5.1.2 部分翻译的准确率测试结果(续)

总结与展望

第一节　总　　结

本书广泛调研了标准数字化技术发展现状，总结了标准数字化技术中标准辅助编写技术、标准机器可读技术、标准语义知识应用场景分析技术、标准查重技术、标准智能翻译技术等典型技术的发展现状和原理，并详细阐述了基于上述标准数字化典型技术所开发的辅助工具的功能和效果。研究成果的总结如下：

（1）标准内容查重技术和相应辅助工具的开发可提供快速准确的标准查询和咨询服务，减轻企业标准管理部门的工作负担、提升标准制定和实施的质量和效果、提高标准治理效率，为新时期推动企业产业高质量发展打下了坚实的基础。

（2）标准编写工具可打破企业标准编写过程中"单打独斗"的权限限制，实现企业多协同参与编写，保留各个版本专家记录，以便于信息追溯。利用标准编写工具可实现直接输出结构化文档，从源头实现机器可读标准知识库动态更新，减少标准在结构化转化过程中识别的错误，提高企业标准在企业中生产应用的准确性。标准协同编写技术有助于企业标准全生命周期高效、透明和可靠的数字化管理，真正实现了标准化在各个环节的贯穿和应用。

（3）基于油气管道标准机器可读技术所开发的适用于油气管道行业的机器可读标准辅助工具，可实现标准内容标注、标准内容接入、标准内容解析等功能；在支撑层实现了标签管理、实体关系抽取、属性值抽取、关键字检索、标签集全文检索、检索文本相似度匹配、数据配置管理、模型管理等功能；在应用层实现了机器可读标准加工、标准查询与解析、标准配置及管理等功能，并提供了机器可读标准导出等实用功能，为标准文本内的标准重要信息抽取提供了技术基础。

（4）标准应用场景分析系统的开发揭示了各领域、各行业起草单位标准化能力与标准化热点，有助于企业相关部门深入理解领域产业标准化基础、现状及未来趋势，助力企业制定和评估战略性新兴产业和未来产业标准化方向与要点，推动地方经济形成更多新的增长点、增长极。同时，基于标准应用场景分析系统的排行榜功能，分析竞争对手标准化现状与不足，为国家管网集团战略决策能力的提升提供相关数据支撑。

（5）基于神经网络和专业术语识别的油气管道标准智能翻译技术，以油气管道标准原文和译文作为神经网络模型的输入端和输出端，对神经网络翻译模型展开训练，使得翻译的结果更加接近油气管道专业术语的表达方式，且可收获较为准确的翻译结果，英文和俄文标准翻译准确率达到90%以上。

第二节　展　　望

针对油气管道标准数字化技术实现过程中出现的问题，提出了以下建议供参考，并对后续机器可读标准的研究工作进行了展望。

（1）在制定油气管道标准数字化战略规划时，需明确数字化转型的目标和方向。包括满足业务需求、分析油气管道领域应用标准的行业趋势、评估自身标准化使用的现状等方面。并应在此基础上，制定具有可操作性和可行性的标准数字化战略，明确发展重点、时间节点和责任部门等，包括与合作伙伴、供应商和客户等建立紧密的数字化交互与联系，以及推动企业内各部门之间标准业务的数字化协同等。

（2）人工智能和机器学习是数字化发展的关键技术。在后续工作中需要加大对人工智能和机器学习的投入，通过运用大模型探索适合油气管道领域的智能应用场景。包括NLP、智能推荐和智能问答等方向，以及将机器学习算法应用于标准内容分析、查询和编写等方面。通过进一步收集分析管道及其他行业典型智能化管理及实施用例，应更为广泛地组织多行业专家深入交流，加深对机器可读技术实现和应用的理解和培训学习，更为广泛地联合国内外相关科研机构的优势力量，面向机器可读标准的较高级别获取最佳应用实践案例。

（3）由于标准数字化的发展是一个不断演进的过程，对于油气管道领域的标准通过项目初步实现了机器可读的转化，但许多环节转化的标准是否齐备，仍然需要人员进行操作和管理。另外，许多管道现场的基础设施设备标准多源、突发事件管理时间标准多样、作业条件及环境类标准多变等导致机器可读标准工具无法快速响应，缺少网络化集成的服务应用，难以及时与相关系统与管理平台进行快速交互，很难满足机器可读标准应对现场控制及远程安全管理的需求，后续仍需对机器可读标准工具进行升级优化，以便更好地辅助油气管道标准信息的及时上报与处理，能更适配日常油气管道设计、建设、管理、运行等相关过程。

（4）聚焦油气管道标准数字化的典型应用场景，实施标准数字化能力提升试点示范，并对提升后的实施效果开展应用验证。标准数字化按照油气管道的应用进一步细化典型用例，并将"业务—对象—人员"三个维度进一步扩充，通过后续的千余项标准，梳理规划"类-聚类-超类"标准智能化模式。建立试点示范平台，包括底层基础设施设备的相关技术要求、试验方法、接口等规范类；应用及业务维度包括视觉检测技术要求类、工业设备管理规范类、信息系统及网络部署规范类等相关标准业务场景。管理及保障类主要包括能源管控类、功能安全及信息安全防控类、人员及生命健康管理、回收与再利用等。将标准数字化示范应用平台贯穿油气管道的设计、试验验证、运行、维护和管理阶段，待标准数字化技术应用的相关平台成熟运用之后，更好地指导后续其他场景的建设，形成油气管道标准数字化"场景构建—实施评价—反馈改进—水平提升—示范推广"的良性发展机制。

（5）将机器可读理念植入油气管道数字化平台的应用实践，后续仍需要在标准化设计和油气管道施工、智能化设备、数据采集与监控、管道安全、环保与节能、智能分析与优化以及协同与共享等方面进一步加强相关能力。通过不断推进标准业务的数字化转型，进一步提高油气管道的运行效率、安全性和绿色化，降低成本，提升竞争力，为油气管道领域的全面数字化转型及高质量发展作出积极贡献。

（6）综合运用标准机器可读、标准辅助编写、智能翻译、标准内容查重等技术，建立全面的标准数字化能力成熟度模型与指标体系，表征标准数字化成熟度、应用场景适用度、能力水平可信度等核心评价要素，以便标准数字化的相关技术能更好地辅助系统应用，做好标准数字化在油气管道领域的效能评价，梳理面向标准立项、标准研制、标准审查、标准报批等全生命周期的能力要素及管理模式，创新性地评估标准数字化工具各等级场景下的应用模式，综合给出最终的评估结果，指导油气管道现场对于标准数字化相关组件及工具的应用部署，进一步规范标准数字化应用范围，提高标准数字化工具的实用性与适用性，辅助油气管道领域的标准数字化工具实现降本增效。

（7）加强数字化生态系统的建设，构建具有竞争力的标准数字化生态圈。实现标准数字化发展的全链条，在数字化战略规划、数据治理与整合、云计算与大数据技术应用、人工智能与机器学习发展、物联网与设备选型、网络安全与隐私保护以及数字化生态系统建设等方面进一步加大投入和加强管理。智能化设备及智能检测运营是油气管道数字化发展的重点方向之一，后续可对智能化设备，如传感器、仪表等，实现智能化、标准化的实时监测和数据采集，通过机器可读标准技术提高设备的自动化水平，进一步降低人工操作成本，提高设备的可靠性和安全性，及时发现和预防潜在的安全隐患，降低事故发生的可能性。

参 考 文 献

[1] 刘曦泽，王益谊，杜晓燕等.标准数字化发展现状及趋势研究[J].中国工程科学，2021，23(06)：147-154.

[2] 刘冰，惠泉，谭笑，等.油气管网领域机器可读标准研究与实践[J].标准科学，2023，(S2)：34-41.

[3] 王一禾，吕千千，祝贺.标准数字化转型关键技术及其应用分析[J].信息技术与标准化，2022，(10)：51-55+59.

[4] 汪烁，卢铁林，尚羽佳.机器可读标准——标准数字化转型的核心[J].标准科学，2021，(S1)：6-16.

[5] 马超.中国标准数字化转型：认知阐释、现实问题及发展路径[J].图书与情报，2023，(04)：50-63.

[6] 洪海波，钟珂珂，刘骁佳，等.机器可读标准在航天智能制造中的应用方法研究[J].中国标准化，2023，(16)：45-52.

[7] 张迅，涂亮，林正平，等.数字化浪潮中数字标准的特征与生成路径[J].黑龙江科学，2023，14(13)：162-164.

[8] 陈心怡，方伟，徐婷，等.标准数字化在石油工业的探索研究[J].中国石油和化工标准与质量，2023，43(05)：7-9.

[9] 崔静，杨建军.标准数字化服务探索[J].信息技术与标准化，2022，(10)：6-12.

[10] 张宝林，侯常靓，邹雨笋，等.国际标准化组织机器可读标准工作动态[J].信息技术与标准化，2022，(10)：18-22.

[11] 李颜若玥，李文文，王俊博.机器可读标准可识别层级验证指标体系研究[J].信息技术与标准化，2023，(12)：67-72+78.

[12] 贺承浩，王泽辉，滕俊哲，等.机器翻译综述[J].电脑知识与技术，2023，19(21)：31-34.

[13] 郭心怡，郑嫣然，穆子君，等.人工智能翻译发展探源及应用研究综述[J].海外英语，2023，24(5)：10-12.

[14] 韦韬.基于深度神经网络学习的机器翻译[J].工业技术创新，2018，05(03)：42-47.

[15] Ranathunga S, Lee E S A, Prifti Skenduli M, et al. Neural machine translation for low-resource languages：A survey[J]. ACM Computing Surveys, 2023, 55(11)：1-37.

[16] Maruf S, Saleh F, Haffari G A survey on document-level neural machine translation：methods and evaluation[J]. ACM Computing Surveys, 2021, 54(2)：1-36.

[17] 徐耀鸿.人工智能翻译记忆库与术语库建设与应用研究[J].信息通信，2020，34(8)：159-160.

[18] 晁忠涛，叶传奇，韩雪磊，等.基于Transformer的中英机器翻译系统的研究与开发[J].电脑知识与技术，2022，18(27)：16-20.

[19] 熊伟，高娟娟，刘锴.基于GAN模型优化的神经机器翻译[J].计算机系统应用，2022，31(12)：95-103.

[20] 冯掬琳，王彦裕.基于多译本平行语料库的英汉智能翻译系统设计[J].自动化与仪器仪表，2023，(01)：157-161.

[21] 陈功娥.人工智能技术在档案管理中的应用与实践[J].四川档案，2022，(03)：26-28.

[22] Wang Q, Gao Y, Ren J, et al. An automatic classification algorithm for software vulnerability based on weighted word vector and fusion neural network[J]. Computers & Security, 2023, 126：103070.

[23] Ponta S E, Plate H, Sabetta A. Detection, assessment and mitigation of vulnerabilities in open source dependencies[J]. Empirical Software Engineering, 2020, 25(5)：3175-3215.

［24］Aota M，Kanehara H，Kubo M，et al. Automation of vulnerability classification from its description using machine learning［C］. 2020 IEEE Symposium on Computers and Communications（ISCC），2020：1-7.

［25］Kamran Kowsari，Kiana Jafari Meimandi，Mojtaba Heidarysafa，et al. Text classification algorithms：a survey［J］. CoRR，2019.

［26］Junyoung Chung，Çaglar Gülçehre，KyungHyun Cho，et al. Empirical evaluation of gated recurrent neural networks on sequence modeling［J］. CoRR，2014.

［27］付立东，艾肖同，豆增发. 基于层级划分和节点特征的关键节点识别方法［J］. 计算机工程，2024，1-10.

［28］杨贵，韦兴宇，郑文萍. 利用邻域 k 元节点组信息的节点结构相似性判定方法［J］. 山西大学学报（自然科学版），2024，47（05）：993-1003.

［29］叶岱昆，颜钟棋，徐嘉忆，等. 基于 U-GCN 的节点分类算法［J］. 微电子学与计算机，2024，1-9.

［30］Azar J，Makhoul A，Barhamgi M，et al. An energy efficient IoT data compression approach for edge machine learning［J］. Future Generation Computer Systems，2019，96：168-175.

［31］Blalock D，Madden S，Guttag J. Sprintz：Time series compression for the internet of things［J］. Proceedings of the ACM on Interactive，Mobile，Wearable and Ubiquitous Technologies，2018，2（3）：1-23.

［32］Deepu C J，Heng C H，Lian Y. A hybrid data compression scheme for power reduction in wireless sensors for IoT［J］. IEEE Transactions on Biomedical Circuits and Systems，2016，11（2）：245-254.

［33］Pelkonen T，Franklin S，Teller J，et al. Gorilla：A fast，scalable，in-memory time series database［J］. Proceedings of the VLDB Endowment，2015，8（12）：1816-1827.

［34］Anh V N，Moffat A. Index compression using 64-bit words［J］. Software：Practice and Experience，2010，40（2）：131-147.

［35］Nandivada V K，Barik R. Improved bitwidth-aware variable packing［J］. ACM Transactions on Architecture and Code Optimization（TACO），2013，10（3）：1-22.

［36］Skibiński P，Swacha J. Fast and efficient log file compression［C］. Proc. 11th East-Eur. Conf. Adv. Databases Inf. Syst.，2007：330-342.

［37］Huffman D A. A method for the construction of minimum-redundancy codes［J］. Proceedings of the IRE，1952，40（9）：1098-1101.

［38］Welch T A. A technique for high-performance data compression［J］. Computer，1984，17（06）：8-19.

［39］Golomb S. Run-length encodings（corresp.）［J］. IEEE transactions on information theory，1966，12（3）：399-401.

［40］刘旭东，孙文磊，崔权维. 基于物联网的车间制造系统实时信息提取与控制［J］. 组合机床与自动化加工技术，2016，（03）：154-157.

［41］张兆坤，邵珠峰，王立平，等. 数字化车间信息模型及其建模与标准化［J］. 清华大学学报（自然科学版），2017，57（02）：128-133+140.

［42］计雄飞，张宝林，李抵非，等. 标准文献内容挖掘与比对［J］. 标准科学，2012，8（08）：16-19.

［43］王昕，王宏，周育忠，等. 标准指标比对的方法与实践［J］. 中国科技资源导刊，2017，49（04）：83-92.

［44］Padma C，Jagadamba P，Reddy P R. Design of FFT processor using low power Vedic multiplier for wireless communication［J］. Computers & Electrical Engineering，2021，92：107178.

［45］Kulkarni P，Bhalerao P，Nayek K，et al. Trends and advances in neural machine translation［C］. 2020 IEEE International Conference for Innovation in Technology（INOCON），2020：1-6.

［46］肖桐，朱靖波．机器翻译——基础与模型［M］．北京：电子工业出版社，2021．

［47］Hinton G，Deng L，Yu D，et al. Deep neural networks for acoustic modeling in speech recognition：the shared views of four research groups［J］. IEEE Signal Processing Magazine，2012，29(6)：82-97．

［48］Poibeau T. Machine translation［M］. Boston：The MIT Press，2017．

［49］冯掬琳，王彦裕．基于多译本平行语料库的英汉智能翻译系统设计［J］．自动化与仪器仪表，2023，43(1)：157-161．

［50］Singh TD，Hujon AV. Low resource and domain specific English to Khasi SMT and NMT systems. Proceedings of 2020 International Conference on Computational Performance Evaluation (ComPE)［C］. Shillong：IEEE，2020：733-737．

［51］Poncelas A，Popovic M，Shterionov DS，et al. Combining SMT and NMT back-translated data for efficient NMT［C］. Proceedings of the Recent Advances in Natural Language Processing，2019：922-931．

［52］Lima M，TMUD Araújo，Costa R，et al. A machine translation mechanism of brazilian portuguese to libras with syntactic-semantic adequacy［J］. Natural Language Engineering，2021，27：1-24．

［53］李蓉，周美丽．基于人工智能处理器设计的机器自动翻译系统设计［J］．现代电子技术，2022，45(2)：183-186．

［54］Ruan Y. Design of intelligent recognition English translation model based on deep learning. Journal of Mathematics，2022，11：1-10．

［55］Shengbo Yang. Intelligent english translation model based on improved GLR algorithm［J］. Procedia Computer Science，2023，15：533-542．

［56］Suxia Lei，You Li. English machine translation system based on neural network algorithm［J］. Procedia Computer Science，2023，15：409-420．

［57］冯洋，邵晨泽．神经机器翻译前沿综述［J］．中文信息学报，2020，34(7)：1-18．

［58］张宇．基于深度学习的机器翻译方法研究综述［J］．信息与电脑(理论版)，2023，35(10)：40-42．

［59］Klein G，Kim Y，Deng Y，et al. OpenNMT：Open-Source Toolkit for Neural Machine Translation［J］. ArXiv e-prints，2017：1-5．